Victor Obisike
Godwin N. Imandeh
Elizabeth U. Amuta

Avaliação da suscetibilidade dos Anopheles aos piretróides em REMILDs

Victor Obisike
Godwin N. Imandeh
Elizabeth U. Amuta

Avaliação da suscetibilidade dos Anopheles aos piretróides em REMILDs

ScienciaScripts

Imprint
Any brand names and product names mentioned in this book are subject to trademark, brand or patent protection and are trademarks or registered trademarks of their respective holders. The use of brand names, product names, common names, trade names, product descriptions etc. even without a particular marking in this work is in no way to be construed to mean that such names may be regarded as unrestricted in respect of trademark and brand protection legislation and could thus be used by anyone.

Cover image: www.ingimage.com

This book is a translation from the original published under ISBN 978-3-659-80278-2.

Publisher:
Sciencia Scripts
is a trademark of
Dodo Books Indian Ocean Ltd. and OmniScriptum S.R.L publishing group

120 High Road, East Finchley, London, N2 9ED, United Kingdom
Str. Armeneasca 28/1, office 1, Chisinau MD-2012, Republic of Moldova, Europe
Printed at: see last page
ISBN: 978-620-8-06221-7

ÍNDICE DE CONTEÚDO

RESUMO 2

Capítulo 1 3

Capítulo 2 5

Capítulo 3 25

Capítulo 4 29

DISCUSSÃO 38

CONCLUSÃO 40

REFERÊNCIAS 41

RESUMO

Um dos elementos-chave dos programas de prevenção e controlo da malária são as redes mosquiteiras tratadas com inseticida de longa duração (REMILDs). A estratégia de controlo dos vectores do parasita da malária baseada em insecticidas será afetada pelo desenvolvimento de resistência dos mosquitos aos insecticidas recomendados. O objetivo desta investigação foi avaliar a suscetibilidade das espécies de *Anopheles* aos piretróides em REMILDs nas zonas de New-Kanshio, North-Bank e Wurukum de Makurdi, Estado de Benue, Nigéria. Foi efectuado um bioensaio num total de 12 MILDA utilizados. Os MILD tinham 1, 2, 3 e 4 anos de idade em cada uma das zonas, com MILD novos como controlo. *Foi* utilizado um total de 450 fêmeas de *Anopheles gambiae* no teste. As larvas de mosquito foram recolhidas nas três comunidades e criadas no laboratório de abril a junho de 2014 e submetidas a bio-ensaio. Os resultados do teste de suscetibilidade mostraram que os mosquitos eram mais susceptíveis aos piretróides impregnados nos 0-2 anos do que nos 34 anos, exceto na zona de North Bank, onde os mosquitos de 2 anos tinham baixa suscetibilidade. Isto pode dever-se ao facto de ter sido lavado muitas vezes do que os outros. A amostra de mosquitos apresentou uma destruição inferior a 95% (80,83) após 60 minutos e ligeiramente superior a 97% (97,22) após 24 horas de mortalidade. A eliminação mais elevada foi registada em Wurukum, com 85% de mortalidade. New-Kanshio registou 100% de mortalidade, enquanto North Bank teve a menor eliminação, com 74,17% e 93,33% de mortalidade. A ANOVA mostrou uma diferença significativa na mortalidade após 3 minutos nas três comunidades (F2cal =37,743, Ftab (6,24)p<0,05. Lsd= 3,044, F2cal =27,96, Ftab (4,24)p<0,05. Lsd= 3,779. F2cal =37,743, Ftab (6,24)p<0,05. Lsd= 3.044). A mortalidade relacionada com a comunidade de fêmeas de mosquitos *Anopheles gambiae* com 2-3 dias de idade, não alimentadas com sangue, após exposição a REMILDs durante 1 hora e 24 horas, não mostrou diferenças significativas (χ^2 =0,618, df=12 e P>0,05).*518,* df=4 e P>0,05) e a mortalidade relacionada com a idade de fêmeas de mosquitos *Anopheles gambiae* de 2-3 dias de idade, não alimentadas com sangue, após exposição a REMILDs durante 1 hora não mostrou diferença significativa (χ^2 =0,774, df=6 e P>0,05). A mortalidade dos mosquitos foi proeminente aos 3, 10, 20 e 30 minutos. Observou-se uma diminuição da nocaute e da mortalidade nas REMILDs de três e quatro anos de idade. Além disso, os dados obtidos a partir do questionário mostraram que 44,44%, 37,5% e 33,33% das casas amostradas em Wurukum, New-Kanshio e North Bank, respetivamente, têm MILDAs mas não as usam, não houve diferença significativa no número de vezes que os MILDAs foram lavados nas idades nas três comunidades amostradas (χ^2 =1,503, df=6 e P>0,05), os dados também analisaram que 72% dos utilizadores de MILDAs os obtiveram do governo

Capítulo 1

1.0.INTRODUÇÃO

1.1 CONTEXTO DO ESTUDO

O paludismo é uma das mais importantes doenças parasitárias transmitidas por vectores no mundo em geral e nas regiões tropicais em particular (OMS, 2005). A malária é responsável por 11% da mortalidade materna, 25% da mortalidade infantil e 30% da mortalidade na infância (Onwujekwe *et al.*, 2013). A malária é responsável por 60% das consultas externas e 30% das hospitalizações entre crianças com menos de cinco anos de idade (Onwujekwe *et al.*, 2013)

A Organização Mundial de Saúde informou em 2008 que a malária causou quase um milhão de mortes, principalmente entre crianças e mães grávidas. (OMS, 2008).

Uma das principais recomendações das reuniões da cimeira Roll Back Malaria (RBM), realizada em abril de 2000, foi que o sector privado deveria assumir a liderança na produção, aquisição, promoção e venda de REMILDs e insecticidas públicos na Nigéria (FMOH, 2009). O objetivo desta política era dar orientações claras ao Governo Federal da Nigéria sobre a implementação de mosquiteiros tratados com inseticida (MTI) / mosquiteiros tratados com inseticida de longa duração (MILDA) para reduzir a morbilidade e a mortalidade por paludismo no país. A política incentiva a adoção de uma cultura de redes positiva e o desenvolvimento de mecanismos adequados para o controlo e a avaliação da utilização dos MTI/RDIP através de amostras aleatórias de MILDA por meio de testes físicos, qualitativos e laboratoriais do inseticida e por inspeção visual.

O método laboratorial utilizado é o bioensaio normalizado internacional especificado pelo Esquema de Avaliação de Pesticidas da Organização Mundial de Saúde (WHOPES)

Além disso, o controlo dos vectores é a principal intervenção sanitária para reduzir a transmissão da malária a nível comunitário. É uma das intervenções que pode reduzir a transmissão da malária de um nível muito elevado para quase zero.

Pode reduzir as taxas de mortalidade infantil e materna e a prevalência de anemia grave em zonas de elevada transmissão.

1.2 AIM

O objetivo do presente estudo é determinar a suscetibilidade das espécies de *Anopheles* aos piretróides a partir de amostras de redes mosquiteiras tratadas com inseticida de longa duração (REMILD).

1.3 OBJECTIVOS

Os objectivos específicos deste estudo foram os seguintes

1 determinar a suscetibilidade do *Anopheles gambiae* aos piretróides em REMILDs de diferentes comunidades da metrópole de Makurdi, no Estado de Benue.

2 comparar a suscetibilidade dos piretróides de *Anopheles gambiae* em REMILDs

tratados em três comunidades de Makurdi, no estado de Benue.

1.4 Enunciado do problema/justificação do estudo

A malária é uma das doenças que mais ameaçam a vida nas regiões tropicais. É causada pelo parasita *Plasmodium* e transmitida às pessoas através da picada de fêmeas infectadas da *espécie Anopheles*. O paludismo é responsável por milhões de mortes de crianças e mães grávidas em África. (FMOH, 2009).

Para reduzir a taxa de infeção e controlar o vetor, vários governos e agências não governamentais adoptaram algumas medidas, como a utilização de redes mosquiteiras tratadas com inseticida de longa duração (REMILD).

O controlo dos vectores tem sido uma ferramenta muito importante na luta global contra a malária. Os programas de controlo provaram ser eficazes na eliminação da malária em países como os EUA e a Europa. (OMS, 2008). Alguns dos métodos utilizados foram a eliminação dos locais naturais de reprodução, a pulverização residual interior, os mosquiteiros tratados e os mosquiteiros tratados com inseticida de longa duração (REMILDs)

Para alcançar o sucesso registado em países como os EUA e a Europa, a Organização Mundial de Saúde, em conjunto com os países africanos, iniciou a distribuição de redes mosquiteiras tratadas com inseticida de longa duração.

O estado de Benue tem estado envolvido em programas integrados de controlo da malária, financiados por doadores, que envolvem a distribuição em massa de mosquiteiros tratados com piretróides.

A zona de Makurdi foi uma das zonas onde os mosquiteiros foram distribuídos. Não tem havido um controlo e uma avaliação eficazes da utilização dos MILDA e dos MTI e da deterioração ou resistência aos insecticidas para determinar a eficácia do processo. Por conseguinte, é necessário realizar um estudo para determinar a eficácia do programa em zonas selecionadas da metrópole de Makurdi (North Bank, Wurukum e New-Kanshio layout)

Capítulo 2

2.0 Revisão da literatura

2.1 *Anopheles gambiae* : Vetor da malária

Anopheles gambiae é um complexo de pelo menos seis espécies morfologicamente indistinguíveis de mosquitos do género *Anopheles.* Este complexo foi reconhecido na década de 1960 e inclui os vectores mais importantes da malária na África subsariana, particularmente do parasita mais perigoso da malária, o *Plasmodium falciparum.* É um dos vectores da malária mais eficazes que se conhece.

Este complexo de espécies é constituído por

Anopheles arabiensis,

Anopheles bwambae,

Anopheles merus,

Anopheles melas,

Anopheles quadriannulatus e

*Anopheles gambiae (*Besansky *et al., 2006)*

Apesar de serem morfologicamente indistinguíveis, as espécies individuais do complexo *Anopheles gambiae* apresentam caraterísticas comportamentais diferentes. Por exemplo, o *Anopheles quadriannulatus* é geralmente considerado zoófilo (alimenta-se de sangue de animais), ao passo que *o Anopheles gambiae* sensu stricto é geralmente antropofílico (alimenta-se de sangue humano). A identificação até ao nível da espécie individual utilizando os métodos moleculares de Scott *et al.* (1993) e Fanello *et al. (2002)* tem implicações importantes nas medidas de controlo subsequentes.

2.1.2 *Anopheles gambiae*

Descobriu-se que *A. gambiae* s.s. está atualmente a divergir em duas espécies diferentes - as estirpes Mopti (M) e Savannah (S) - embora, desde 2007, as duas estirpes ainda sejam consideradas uma única espécie. O genoma do *A. gambiae* s.s. foi sequenciado três vezes, uma vez para a estirpe M, uma vez para a estirpe S e uma vez para uma estirpe híbrida. Lawniczak, et al. Atualmente, foram previstos na literatura ~90 miRNA (38 miRNA oficialmente listados no miRBase) para *A. gambiae* s.str. Com base em sequências conservadas de miRNA encontrados em *Drosophila.*

O mecanismo de reconhecimento das espécies parece ser constituído por sons emitidos pelas asas e identificados pelo órgão de Johnston (Pennetier *et al.* 2009).

2.1.3 Distinção entre Anopheles e outros mosquitos

- Os mosquitos *Anopheles* podem ser distinguidos dos outros mosquitos pelos palpos, que são tão longos como a probóscide, e pela presença de blocos discretos de escamas pretas e brancas nas asas. Os *Anopheles* adultos também podem ser identificados pela sua posição típica de repouso: os machos e as fêmeas repousam com o abdómen levantado no ar e não paralelamente à superfície em que estão a repousar (RTI, 2010)

- Um fator comportamental importante é o grau em que uma espécie de *Anopheles* prefere alimentar-se de seres humanos (antropofilia) ou de animais como o gado (zoofilia). Os Anopheles antrofílicos têm maior probabilidade de transmitir os parasitas da malária de uma pessoa para outra. A maioria dos mosquitos Anopheles não é exclusivamente antropofílica ou zoófila. No entanto, os principais vectores da malária em África, *A. gambiae* e *A. funestus*, são fortemente antropofílicos e, consequentemente, são dois dos vectores mais eficientes da malária no mundo (Keating, *et al.*, 2004)

- Os mosquitos fêmeas do género *Anopheles,* incluindo *A. gambiae,* são os principais vectores de transmissão do parasita da malária, *Plasmodium falciparum*, responsável pela morte de mais de um milhão de pessoas por ano. As espécies de *A. gambiae* parasitam quase exclusivamente os seres humanos e são alegadamente atraídas por pés malcheirosos (Rozendaal,1997).

Das cerca de 430 espécies conhecidas de Anopheles, apenas 30-50 transmitem a malária na natureza. O desenvolvimento bem sucedido do parasita da malária no mosquito (desde a fase de gametócito até à fase de *esporozoíto*) depende de vários factores. O mais importante é a temperatura e a humidade ambiente (temperaturas mais elevadas aceleram o crescimento do parasita no mosquito) e o facto de o Anopheles sobreviver o tempo suficiente para permitir que o parasita complete o seu ciclo no mosquito hospedeiro (de 10 a 18 dias) (Parker,1982).

- Os mosquitos *Anopheles* são também vectores do *vírus O'nyong-nyong*, bem como de nemátodos parasitas que causam a filariose linfática, uma doença desfigurante e incapacitante (Wikipédia, 2013). São também competentes para transmitir vermes do coração (Wikipedia, 2013).

- A maioria dos mosquitos Anopheles são *crepusculares* (activos ao anoitecer ou ao amanhecer) ou *noturnos* (activos à noite). Alguns mosquitos Anopheles alimentam-se dentro de casa (endofágicos), enquanto outros se alimentam ao ar livre (exofágicos). Depois de se alimentarem de sangue, alguns mosquitos Anopheles preferem descansar dentro de casa (endofílicos), enquanto outros preferem descansar ao ar livre (exofílicos) (Parmakelis *et al.,2008)*

2.1.4 Fases de vida do Anopheles gambie

2.1.4.1 Ovos

As fêmeas adultas põem 50-200 ovos por oposição. Os ovos são bastante pequenos (cerca de 0,5 x 0,2 mm). Os ovos são postos individualmente e diretamente na água. São únicos pelo facto de terem flutuadores de ambos os lados. Os ovos não são resistentes à secagem e eclodem em 2-3 dias, embora a eclosão possa demorar até 2-3 semanas em climas mais frios.

2.1.4.2 Larvas

1

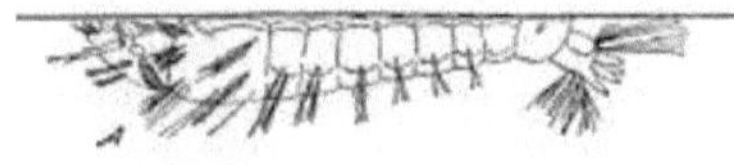

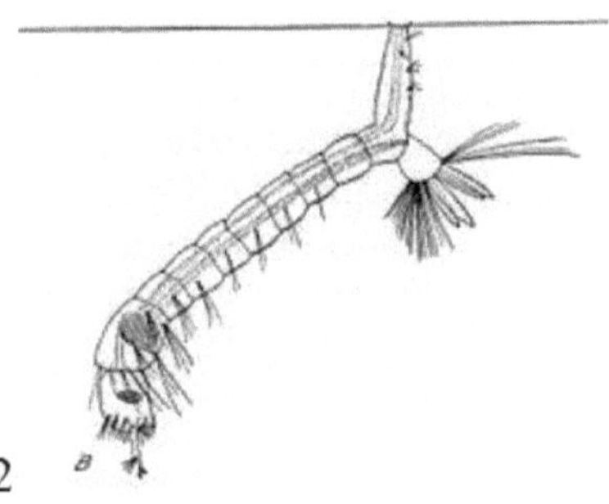

2

Figura 1 e 2: posição de alimentação da larva de *Anophel;es*. E figura 2: posição de alimentação da larva *de Culex* (Wikipedia,2014)

Posição de alimentação de uma larva de *Anopheles* (fig.l), comparada com a de um mosquito não anófeles (fig.2)

A larva do mosquito tem uma cabeça bem desenvolvida com escovas bucais utilizadas para a alimentação, um tórax grande e um abdómen de nove segmentos. Não tem pernas. Ao contrário de outros mosquitos, a larva *de Anopheles* não possui um sifão respiratório, pelo que se posiciona de forma a que o seu corpo fique paralelo à superfície da água (fig. 1). Em contrapartida, a larva que se alimenta de uma espécie de mosquito não anófeles fixa-se à superfície da água com o seu sifão posterior, ficando o seu corpo virado para baixo (fig.2)

As larvas respiram através de espiráculos situados no oitavo segmento abdominal, pelo que têm de vir frequentemente à superfície. As larvas passam a maior parte do tempo a alimentar-se de algas, bactérias e outros microrganismos presentes na microcamada superficial. Só mergulham abaixo da superfície quando são perturbadas. As larvas nadam através de movimentos bruscos de todo o corpo ou através de propulsão com as escovas bucais (RTI, 2010)

As larvas desenvolvem-se em quatro fases, ou instares, após as quais se metamorfoseiam em pupas. No final de cada instar, as larvas fazem a muda, perdendo o seu exoesqueleto, ou pele, para permitir um maior crescimento. As larvas de primeiro estádio têm cerca de 1 mm de comprimento; as larvas de quarto estádio têm normalmente 5-8 mm de comprimento (RTI, 2010)

O processo desde a postura dos ovos até à emergência do adulto depende da temperatura, com um período mínimo de sete dias.

As larvas ocorrem numa grande variedade de habitats, mas a maioria das espécies prefere água limpa e não poluída. As larvas dos mosquitos *Anopheles* foram encontradas em pântanos de água doce ou salgada, mangais, campos de arroz e valas com relva, nas margens de ribeiros e rios e em pequenas poças de chuva temporárias. Muitas espécies preferem habitats com vegetação. Outras preferem habitats sem vegetação. Algumas reproduzem-se em charcos abertos e iluminados pelo sol, enquanto outras só se encontram em locais de reprodução à sombra nas florestas. Algumas espécies reproduzem-se em buracos de árvores ou nas axilas das folhas de algumas plantas (RTI, 2010)

2.1.4.3 Pupas:

A pupa tem a forma de uma vírgula quando vista de lado. A cabeça e o tórax fundem-se num cefalotórax e o abdómen curva-se por baixo. Tal como as larvas, as pupas têm de vir frequentemente à superfície para respirar, o que fazem através de um par de trompetas respiratórias nos seus cefalotórax. Após alguns dias de pupa, a superfície dorsal do cefalotórax divide-se e o mosquito adulto emerge. A fase de pupa dura cerca de 2 a 3 dias nas zonas temperadas (RTI, 2010)

2.1.4.4 Adultos

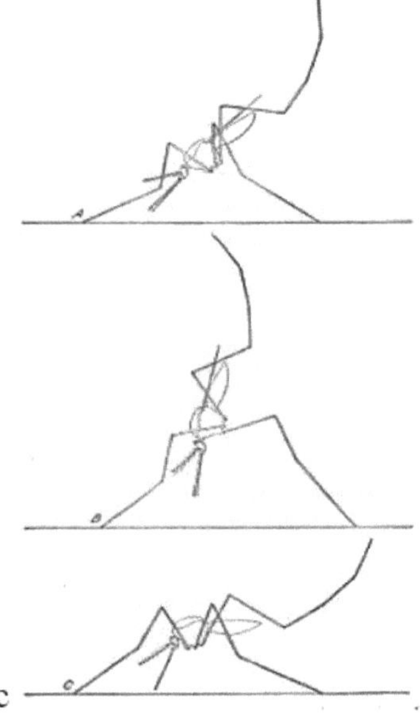

figura 3: posição de repouso dos mosquitos adultos (Wikipedia,2014).

Posições de repouso de *Anopheles* adultos (A, B), em comparação com um mosquito não anófeles (C) (fig.3)

A duração do período entre o ovo e o adulto varia consideravelmente consoante as espécies e é fortemente influenciada pela temperatura ambiente. Os mosquitos podem desenvolver-se desde o ovo até ao adulto em apenas cinco dias, mas pode demorar 10-

14 dias em condições tropicais.

Como todos os mosquitos, as espécies adultas de *Anopheles* têm corpos delgados com três secções (cabeça, tórax e abdómen).

A cabeça é especializada na aquisição de informação sensorial e na alimentação. Contém os olhos e um par de antenas longas e com muitos segmentos. As antenas são importantes para detetar odores do hospedeiro, bem como odores dos locais de reprodução onde as fêmeas põem ovos. A cabeça também tem uma probóscide alongada e projectada para a frente, utilizada para a alimentação, e dois palpos maxilares. Estes palpos também possuem os receptores para o dióxido de carbono, um importante atrativo para a localização do hospedeiro do mosquito (Wikipedia, 2014)

O tórax é especializado para a locomoção. Três pares de patas e um par de asas estão ligados ao tórax (Wikipedia, 2014)

O abdómen é especializado na digestão dos alimentos e no desenvolvimento dos ovos. Esta parte segmentada do corpo expande-se consideravelmente quando a fêmea toma uma refeição de sangue. O sangue é digerido ao longo do tempo, servindo como fonte de proteína para a produção de ovos, que gradualmente enchem o abdómen (Wikipedia, 2014)

Os mosquitos *Anopheles* distinguem-se dos outros mosquitos pelos palpos, que são tão longos como a probóscide, e pela presença de blocos discretos de escamas pretas e brancas nas asas. Os adultos também podem ser identificados pela sua posição típica de repouso: os machos e as fêmeas repousam com o abdómen levantado no ar e não paralelamente à superfície sobre a qual estão a repousar (Robinson,2005).

Os mosquitos adultos acasalam normalmente poucos dias depois de saírem da fase de pupa. Na maioria das espécies, os machos formam grandes enxames, geralmente ao anoitecer, e as fêmeas voam para os enxames para acasalar (Robinson,2005).

Os machos vivem cerca de uma semana, alimentando-se de néctar e de outras fontes de açúcar. As fêmeas também se alimentam de fontes de açúcar para obter energia, mas normalmente necessitam de uma refeição de sangue para o desenvolvimento dos ovos. Depois de obter uma refeição completa de sangue, a fêmea descansa durante alguns dias enquanto o sangue é digerido e os ovos se desenvolvem. Este processo depende da temperatura, mas normalmente demora 2-3 dias em condições tropicais. Quando os ovos estão completamente desenvolvidos, a fêmea põe-nos e retoma a procura de hospedeiros (Robinson,2005)

O ciclo repete-se até a fêmea morrer. Embora as fêmeas possam viver mais de um mês em cativeiro, a maioria não vive mais de uma a duas semanas na natureza. A sua longevidade depende da temperatura, da humidade e da sua capacidade de obter uma refeição de sangue com sucesso, evitando as defesas do hospedeiro (Robinson, 2005)

Num estudo realizado pela London School of Hygiene & Tropical Medicine, os investigadores descobriram que os mosquitos fêmeas portadores de parasitas da malária são significativamente mais atraídos pelo hálito e odores humanos do que os mosquitos não infectados.

A equipa de investigação infectou mosquitos *Anopheles gambiae* criados em laboratório com parasitas *Plasmodium*, deixando um grupo de controlo não infetado. Em seguida, os dois grupos foram submetidos a testes para registar a sua atração por odores humanos. Os mosquitos fêmeas são particularmente atraídos pelos odores dos pés, e um dos testes mostrou que os mosquitos infectados pousavam e picavam repetidamente um potencial hospedeiro. A equipa especula que o parasita melhora o olfato dos mosquitos. (Tauxe, *et al,*2013)

2.1.4 Habitat :

Embora o paludismo esteja hoje em dia limitado às zonas tropicais, mais notoriamente às regiões da África subsariana, muitas espécies de *Anopheles* vivem em latitudes mais frias. De facto, os surtos de paludismo ocorreram, no passado, em climas mais frios, por exemplo durante a construção do Canal Rideau no Canadá durante a década de 1820 (William e Wylie 1983). Desde então, o parasita *Plasmodium* (não o mosquito *Anopheles*) foi eliminado dos países do primeiro mundo.

O CDC adverte, no entanto, que *"os Anopheles* que podem transmitir a malária encontram-se não só em zonas onde a malária é endémica, mas também em zonas onde a malária foi eliminada. Assim, estas últimas zonas estão constantemente em risco de reintrodução da doença (Tauxe, *et al,* 2013)

2.1.5 Suscetibilidade do vetor da doença

Algumas espécies são maus vectores da malária, uma vez que os parasitas não se desenvolvem bem (ou não se desenvolvem de todo) dentro delas (Tauxe, *et al,* 2013). Também existe variação dentro das espécies. No laboratório, é possível selecionar estirpes de *A. gambiae* que são refractárias à infeção por parasitas da malária (Tauxe, *et al,* 2013). Estas estirpes refractárias têm uma resposta imunitária que encapsula e mata os parasitas depois de estes terem invadido a parede do estômago do mosquito (Tauxe, *et al,* 2013). Os cientistas estão a estudar o mecanismo genético para esta resposta. Os mosquitos geneticamente modificados refractários à malária poderiam possivelmente substituir os mosquitos selvagens, limitando ou eliminando assim a transmissão da malária (Tauxe, *et al,*2013)

2.1.6 Transmissão e controlo da malária

Compreender a biologia e o comportamento dos mosquitos *Anopheles* pode ajudar a compreender a forma como a malária é transmitida e pode ajudar a conceber estratégias de controlo adequadas. Os factores que afectam a capacidade de um mosquito transmitir a malária incluem a sua suscetibilidade inata ao *Plasmodium,* a escolha do seu hospedeiro e a sua longevidade. Os factores que devem ser tidos em consideração na conceção de um programa de controlo incluem a suscetibilidade dos vectores da malária aos insecticidas e o local preferido de alimentação e repouso dos mosquitos adultos.

Em 21 de dezembro de 2007, um estudo publicado na revista PLoS Pathogens descobriu que a lectina hemolítica do tipo C CEL-III de *Cucumaria echinata,* um pepino do mar encontrado na Baía de Bengala, impedia o desenvolvimento do parasita da malária quando produzida por Anopheles *stephensi* transgénico *(*Shigeto *et al.,*

*2007).*Isto poderia potencialmente ser utilizado para controlar a malária através da disseminação de mosquitos geneticamente modificados refractários aos parasitas, embora tenham de ser ultrapassadas numerosas questões científicas e éticas antes de se poder implementar uma tal estratégia de controlo.

2.1.7 Fontes preferenciais para as refeições de sangue

Um fator comportamental importante é o grau em que uma espécie de *Anopheles* prefere alimentar-se de seres humanos (antropofilia) ou de animais como o gado ou as aves (zoofilia). A maioria dos mosquitos *Anopheles* não é exclusivamente antropofílica ou zoófila. No entanto, os principais vectores da malária em África, *An. gambiae* e *An. funestus,* são fortemente antropofílicos e, consequentemente, são dois dos vectores da malária mais eficientes do mundo.

Uma vez ingeridos por um mosquito, os parasitas da malária têm de se desenvolver dentro do mosquito antes de serem infecciosos para os seres humanos. O tempo necessário para o desenvolvimento no mosquito (período de incubação extrínseco) varia de 10 a 21 dias, dependendo da espécie do parasita e da temperatura. Se um mosquito não sobreviver mais tempo do que o período de incubação extrínseco, então não poderá transmitir nenhum parasita da malária (Arora e Arora, 2005)

Não é possível medir diretamente a esperança de vida dos mosquitos na natureza, mas foram feitas estimativas indirectas da sobrevivência diária para várias espécies de *Anopheles*. As estimativas da sobrevivência diária de *A. gambiae* na Tanzânia variaram entre 0,77 e 0,84, o que significa que, ao fim de um dia, entre 77% e 84% terão sobrevivido (Charlwood *et al.,* 1997)

Assumindo que esta sobrevivência é constante durante a vida adulta de um mosquito, menos de 10% das fêmeas de *A. gambiae* sobreviveriam mais do que um período de incubação extrínseco de 14 dias. Se a sobrevivência diária aumentasse para 0,9, mais de 20% dos mosquitos sobreviveriam mais do que o mesmo período. As medidas de controlo que se baseiam em insecticidas (por exemplo, pulverização residual em interiores) podem, na realidade, ter um impacto na transmissão da malária mais através do seu efeito na longevidade dos adultos do que através do seu efeito na população de mosquitos adultos (Charlwood *et al.,* 1997).

2.1.8 Padrões de alimentação e repouso

A maioria dos mosquitos *Anopheles* são crepusculares (activos ao anoitecer ou ao amanhecer) ou noturnos (activos à noite). Alguns alimentam-se dentro de casa (endofágicos), enquanto outros se alimentam ao ar livre (exofágicos). Depois de se alimentarem, alguns mosquitos hematófagos preferem descansar dentro de casa (endofílicos), enquanto outros preferem descansar ao ar livre (exofílicos), embora isto possa diferir regionalmente com base no ecótipo local do vetor e na composição cromossómica do vetor, bem como no tipo de habitação e nas condições microclimáticas locais (Charlwood *et al.,* 1997).

A picada de mosquitos *Anopheles* endofágicos noturnos pode ser significativamente reduzida através da utilização de redes mosquiteiras tratadas com inseticida ou através da melhoria da construção de habitações para evitar a entrada de mosquitos (por exemplo, telas de janelas). Os mosquitos endofílicos são facilmente controlados através da pulverização de insecticidas residuais em interiores. Em contrapartida, os vectores exofágicos/exofílicos são melhor controlados através da redução da fonte (destruição dos locais de reprodução) (Charlwood *et al.*, 1997)

2.1.9 Flora intestinal

Uma vez que a transmissão da doença pelo mosquito requer a ingestão de sangue, a flora intestinal pode ter influência no sucesso da infeção do hospedeiro do mosquito. Este aspeto da transmissão de doenças não foi investigado até há pouco tempo (Wang *et al.*, 2011). O intestino das larvas e das pupas é largamente colonizado por cianobactérias fotossintéticas, enquanto no adulto predominam as proteobactérias e os bacteroidetes. As refeições de sangue reduzem drasticamente a diversidade de organismos e favorecem as bactérias entéricas (Wang *et al.*, 2011).

2.2 Resistência aos insecticidas

As medidas de controlo baseadas em insecticidas (por exemplo, pulverização de interiores com insecticidas, redes mosquiteiras) são as principais formas de matar os mosquitos que picam dentro de casa. No entanto, após uma exposição prolongada a um inseticida ao longo de várias gerações, os mosquitos, tal como outros insectos, podem desenvolver resistência, ou seja, a capacidade de sobreviver ao contacto com um inseticida. Uma vez que os mosquitos podem ter muitas gerações por ano, podem surgir muito rapidamente níveis elevados de resistência (Wang *et al.*, 2011). A resistência dos mosquitos a alguns insecticidas foi documentada apenas alguns anos após a introdução dos insecticidas (Wang *et al.*, 2011). Mais de 125 espécies de mosquitos espécies têm resistência documentada a um ou mais insecticidas. O desenvolvimento de resistência aos insecticidas utilizados para a pulverização residual em interiores foi um grande obstáculo durante a Campanha Mundial de Erradicação da Malária (Wang *et al.*, 2011). A utilização criteriosa de insecticidas para o controlo dos mosquitos pode limitar o desenvolvimento e a propagação da resistência. No entanto, a utilização de insecticidas na agricultura tem sido frequentemente implicada como contribuindo para a resistência nas populações de mosquitos. É possível detetar o desenvolvimento de resistência nos mosquitos, pelo que é aconselhável que os programas de controlo realizem uma vigilância deste potencial problema.

2.3 Erradicação

Com um número substancial de casos de malária a afetar pessoas em todo o mundo, em regiões tropicais e subtropicais, especialmente na África subsariana, onde milhões de crianças morrem devido a esta doença infecciosa, a erradicação está de novo na agenda da saúde mundial (Marcel & kSavigny ,2008).

Embora o paludismo exista desde tempos remotos, a sua erradicação foi possível na Europa, na América do Norte, nas Caraíbas e em partes da Ásia e do sul da América Central durante as primeiras campanhas regionais de eliminação no final da década de 1940. No entanto, os mesmos resultados não foram alcançados na África Subsariana (Marcel & kSavigny, 2008).

Embora a Organização Mundial de Saúde tenha adotado uma política formal sobre o controlo e a erradicação do parasita da malária desde 1955, só recentemente, após o Fórum Gates sobre a Malária, em outubro de 2007, é que as principais organizações iniciaram o debate sobre os prós e os contras de redefinir a erradicação como um objetivo para controlar a malária.

É evidente que, a longo prazo, o custo da prevenção da malária é muito inferior ao do tratamento da doença. No entanto, a erradicação dos mosquitos não é uma tarefa fácil. Para uma prevenção eficaz da malária, devem estar reunidas algumas condições, tais como condições favoráveis no país, recolha de dados sobre a doença, abordagens técnicas orientadas para o problema, uma liderança muito ativa e empenhada, apoio governamental total, recursos monetários suficientes, envolvimento da comunidade e técnicos qualificados de diferentes áreas, bem como uma implementação adequada.

É necessária uma vasta gama de estratégias para conseguir a erradicação da malária, desde passos simples a estratégias complicadas que podem não ser possíveis de aplicar com as ferramentas actuais.

Embora o controlo dos mosquitos seja uma componente importante da estratégia de controlo da malária, a eliminação da malária numa zona não exige a eliminação de todos os mosquitos *Anopheles*. Por exemplo, na América do Norte e na Europa, embora os mosquitos *Anopheles* vectores ainda estejam presentes, o parasita foi eliminado. Algumas melhorias socioeconómicas (por exemplo, casas com janelas blindadas, ar condicionado), uma vez combinadas com esforços de redução de vectores e tratamento eficaz, levam à eliminação da malária sem a eliminação completa dos vectores. Algumas medidas importantes no controlo dos mosquitos a seguir são: desencorajar a postura de ovos, impedir o desenvolvimento de ovos em larvas e adultos, matar os mosquitos adultos, não permitir que os mosquitos adultos entrem em locais de habitação humana, impedir que os mosquitos piquem os seres humanos e negar-lhes refeições de sangue (Wikipedia 2014)

A investigação neste sentido continua, e um estudo sugere que os mosquitos estéreis podem ser a resposta para a eliminação da malária. Esta investigação sugere que a utilização da técnica do inseto estéril, em que os insectos machos sexualmente estéreis são libertados para eliminar uma população de pragas, pode ser uma solução para o problema da malária em África. Esta técnica traz esperança, uma vez que os mosquitos fêmeas só acasalam uma vez durante a sua vida e, ao fazê-lo com mosquitos machos estéreis, a população de insectos diminuiria (Wikipedia 2014). Esta é outra opção a ser considerada pelas autoridades locais e internacionais que pode ser combinada com outros métodos e ferramentas para conseguir a erradicação da malária na África subsariana.

2.4 Piretróide

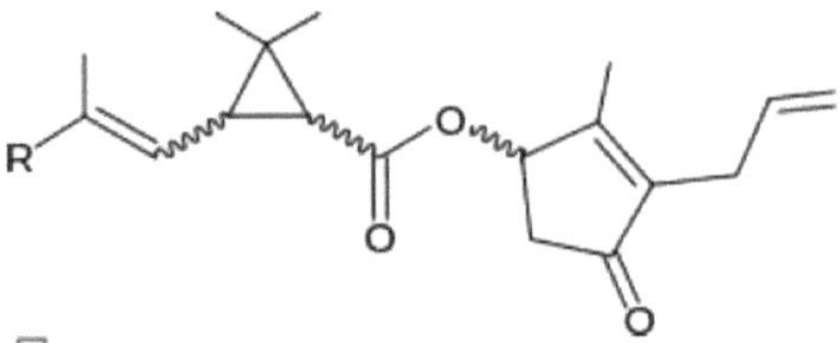

Allethrin

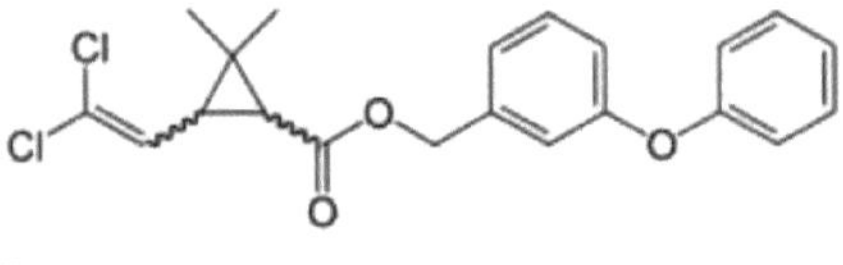

Permethrin

Figura .4: insecticidas piretóides

Um **piretróide (fig. 4)** é um composto orgânico semelhante às piretrinas naturais produzidas pelas flores dos piretros *(Chrysanthemum cinerariaefolium* e *C. coccineum).* Os piretróides constituem atualmente a maioria dos insecticidas domésticos comerciais (Robert e Metcalf, 2002). Nas concentrações utilizadas nesses produtos, podem também ter propriedades repelentes de insectos e são geralmente inofensivos para os seres humanos em doses baixas, mas podem prejudicar indivíduos sensíveis. São geralmente eliminados pela luz solar e pela atmosfera em um ou dois dias, e não afectam significativamente a qualidade das águas subterrâneas (Wikipedia 2014)

2.4.1 Modo de ação

Os piretróides são excitoxinas axónicas cujos efeitos tóxicos são mediados pela prevenção do fecho dos canais de sódio dependentes da voltagem nas membranas axonais. O canal de sódio é uma proteína membranar com um interior hidrofílico. Este interior é um orifício minúsculo que tem uma forma precisa para retirar as moléculas de água parcialmente carregadas de um ião de sódio e criar uma forma favorável para os iões de sódio passarem através da membrana, entrarem no axónio e propagarem um potencial de ação. Quando a toxina mantém os canais no seu estado aberto, os nervos não conseguem repolarizar, deixando a membrana axonal permanentemente despolarizada, paralisando assim o organismo (Soderlund, 2002).

2.4.2 Formulação de pesticidas

Os piretróides são normalmente combinados com butóxido de piperonilo, um inibidor conhecido das principais enzimas microssomais do citocromo P450 que metabolizam o piretróide, o que diminuiria a sua letalidade (Wikipedia 2014).

2.4.3 História

Os piretróides foram introduzidos no final do século XX por uma equipa de cientistas da Rothamsted Research após a elucidação das estruturas da piretrina I e II por Hermann Staudinger e Leopold Ruzicka na década de 1920. Os piretróides representaram um grande avanço na química que sintetizaria o análogo da versão natural encontrada no piretro. A sua atividade inseticida tem uma toxicidade relativamente baixa para os mamíferos e uma biodegradação invulgarmente rápida (Wikipedia 2014). O seu desenvolvimento coincidiu com a identificação de problemas com a utilização do DDT. O seu trabalho consistiu, em primeiro lugar, em identificar os componentes mais activos do piretro, extraído das flores de crisântemo da África Oriental e cujas propriedades insecticidas são conhecidas há muito tempo. O piretro derruba rapidamente os insectos voadores, mas tem uma persistência insignificante - o que é bom para o ambiente, mas dá pouca eficácia quando aplicado no campo (Wikipedia 2014). Os piretróides são essencialmente formas quimicamente estabilizadas do piretro natural e pertencem ao grupo 3 do MoA do IRAC (interferem com o transporte de sódio nas células nervosas dos insectos).

Os *piretróides de primeira geração,* desenvolvidos na década de 1960, incluem a bioaletrina, a tetrametrina, a resmetrina e a bioresmetrina. São mais activos do que o piretro natural, mas são instáveis à luz solar. A atividade do piretro e dos piretróides de primeira geração é muitas vezes reforçada pela adição do sinergista butóxido de piperonilo (que, por sua vez, tem alguma atividade inseticida (Wikipedia 2014). Com a revisão da Diretiva 91/414/CEE, muitos compostos de 1ª geração não foram incluídos no Anexo 1, provavelmente porque o mercado simplesmente não é suficientemente grande para justificar os custos de um novo registo (e não por quaisquer preocupações especiais com a segurança).

Em 1974, a equipa de Rothamsted tinha descoberto uma segunda geração de compostos mais persistentes, nomeadamente: permetrina, cipermetrina e deltametrina. (São substancialmente mais resistentes à degradação pela luz e pelo ar, o que os torna adequados para utilização na agricultura, mas têm uma toxicidade significativamente mais elevada para os mamíferos. Nas décadas seguintes, estes derivados foram seguidos por outros compostos patenteados, como o fenvalerato, a lambda-cialotrina e a beta-ciflutrina. A maioria das patentes já expirou, tornando estes compostos baratos e, por conseguinte, populares (embora a permetrina e o fenvalerato não tenham sido registados de novo ao abrigo do processo 91/414/CEE). Uma das caraterísticas menos desejáveis, especialmente dos piretróides de segunda geração, é o facto de poderem ser irritantes para a pele e os olhos, pelo que foram desenvolvidas formulações especiais, como as suspensões em cápsulas (CS). (Wikipedia 2014)

2.4.3.1 Classes de piretróides

Flucitrinato

Os primeiros piretróides estão relacionados com a piretrina I e II através da alteração do grupo álcool do éster do ácido crisantémico. Esta alteração relativamente modesta pode levar a actividades substancialmente alteradas. Por exemplo, o éster 5-benzil-3-furanílico denominado resmetrina é apenas fracamente tóxico para os mamíferos (DL (ratazana, oral) = 2 000 mg/kg), mas é 20 a 50 vezes mais eficaz do que o piretro natural e é também facilmente biodegradável. Outros ésteres comercialmente importantes incluem a tetrametrina, a aletrina, a fenotrina, a bartrina, a dimetrina e a bioresmetrina. Outra família de piretróides tem um fragmento ácido alterado juntamente com componentes alcoólicos alterados. Estes requerem uma síntese orgânica mais elaborada. Os membros desta extensa classe incluem os derivados de diclorovinil e dibromovinil. Outros ainda são a teflutrina, a fenepropatrina e a bioetanometrina.

Tipos

- Allethrin, o primeiro piretróide sintetizado (ingrediente ativo do Raid)
- Bifentrina, ingrediente ativo de Talstar, Capture, Ortho Home Defense Max e Bifentrina
- Ciflutrina, um ingrediente ativo do Baygon, derivado diclorovinílico da piretrina
- Cipermetrina, incluindo o isómero resolvido alfa-cipermetrina, derivado diclorovinílico da piretrina
- Cifenotrina, ingrediente ativo do spray para insectos K2000 vendido em Israel e nos territórios palestinianos
- Deltametrina, derivado dibromovinílico da piretrina
- Esfenvalerato
- Etofenprox
- Fenpropatrina
- Fenvalerato
- Flucitrinato
- Flumetrina
- Imiprotrina, ingrediente ativo do *Raid Ant & Roach Killer,* sintetizada para ser uma toxina de ação extremamente rápida pela Sumitomo Chemical Co. no Canadá (Wikipedia 2014)
- lambda-cialotrina
- Metoflutrina
- Permetrina, derivado diclorovinílico da piretrina
- Praletrina, (Wikipedia 2014) ingrediente ativo do Baygon
- Resmetrina, ingrediente ativo do *Scourge*
- Silafluofeno
- Sumitrina, ingrediente ativo do Anvil
- tau-Fluvalinato

- Teflutrina
- Tetrametrina
- Tralometrina
- Transflutrina, ingrediente ativo do Baygon

2.4.4 Efeitos ambientais

Para além de serem tóxicos para os insectos benéficos, como as abelhas e as libélulas, os piretróides são tóxicos para os peixes e outros organismos aquáticos. Em níveis extremamente baixos, como 2 partes por trilião (Bhano e Sindya, 2010), os piretróides são letais para as efémeras, as moscas e os invertebrados que constituem a base de muitas redes alimentares aquáticas e terrestres (Zaveri e Mihir, 2010).

Verificou-se que os piretróides não são afectados pelos sistemas de tratamento secundário nas instalações municipais de tratamento de águas residuais na Califórnia. Aparecem no efluente, geralmente em níveis letais para os invertebrados (Weston, *et al., 2010)*

2.4 .4.1 Segurança e eficácia

Os vertebrados parecem ter enzimas suficientes para a decomposição rápida dos piretróides. Em termos de DL50 para ratos, a teflutrina é a mais tóxica, com 29 mg/kg (Soderlund, 2002). No entanto, os piretróides são altamente tóxicos para os gatos porque não possuem glucuronidase, que participa nas vias hepáticas do metabolismo de desintoxicação (Jim *et al.,2009).* Foi comunicada anafilaxia após exposição ao piretro, mas não foi documentada qualquer reação alérgica aos piretróides. Verifica-se um aumento da sensibilidade após exposição repetida a cianeto, que se encontra em piretróides como a beta-ciflutrina (Jim *et al.,2009).*

2.4.5 Resistência

Até à década de 1950, os percevejos foram quase erradicados nos EUA através da utilização do DDT. Após a proibição da utilização do DDT para este fim (Wikipedia 2014), os piretróides passaram a ser mais utilizados contra os percevejos.

2.5 Redes mosquiteiras tratadas com inseticida de longa duração (REMILDs)

Embora as redes mosquiteiras tratadas com inseticida de longa duração (REMILDs) contornem adequadamente a necessidade de retratamento, a resistência aos insecticidas pode constituir um grande desafio para manter o seu impacto em certas zonas. medida que o problema da resistência aos insecticidas aumenta (Ranson *et al.,* 2011) e são apresentados exemplos de redução da eficácia das intervenções de controlo (Hargreaves,2000; N'Guessan *et al.,* 2007; Fane *et al.,* 2011). Existe uma preocupação crescente com a preservação da eficácia das ferramentas de controlo de vectores à base de insecticidas.

Para resolver este problema, foram ou estão a ser desenvolvidas combinações de nova geração que utilizam classes alternativas ou múltiplas de insecticidas ou outros sinergistas químicos (Hargreaves, 2000; N'Guessan *et al.,* 2007; Fane *et al.,* 2011).

Um MILDA combinado atualmente recomendado pela Organização Mundial de Saúde

(OMS) é o PermaNet® 3.0. Este mosquiteiro combina um piretróide (deltametrina) com um sinergista (butóxido de piperonilo) na estrutura da cobertura para aumentar a bioeficácia contra os vectores da malária resistentes aos piretróides (Hargreaves,. *2000,;* N'Guessan *et al.*, 2007; Fane *et al.*, 2011). Ensaios experimentais em cabanas no Vietname, Burkina Faso, Benim, Costa do Marfim e Nigéria indicaram uma maior bioeficácia contra os vectores da malária resistentes aos piretróides em relação aos mosquiteiros mono-tratados com deltametrina ou permetrina (Corbel, 2010,*;* N'Guessan *et al.* 2010,*;* Koudou ,*et al.*, 2011; Adeogun , Olojede , Oduola ,Awolol *et al,* 2012). Tal como acontece com outras intervenções insecticidas, as avaliações do PermaNet 3.0 até à data indicaram que a bioeficácia em condições de campo dependerá não só do nível de resistência e dos seus mecanismos subjacentes, mas também do comportamento da população específica de vectores.

Existem também provas de uma maior proteção pessoal do PermaNet 3.0 contra mosquitos incómodos, *Culex* spp. Em estudos experimentais em cabanas no Togo e no Vietname, foi observada uma redução significativa da alimentação sanguínea em relação a um MILDA padrão (OMS, 2005). No entanto, estudos realizados na Tanzânia não conseguiram detetar um impacto nas populações de *Culex* (Tungu *et al*., 2012), embora tal possa ser o resultado de baixas densidades *de Culex.* Na República Democrática do Congo (RDC), a transmissão do parasita do paludismo é mantida principalmente por *gambiae s.s.* e *An. funestus (*Coene *et al.,* 1987; Bobanga *et al.,* 2007*).* A eficácia e a aceitabilidade dos MILDAs são sazonais, com picos durante os períodos de chuva, que diferem consoante os locais. Nas zonas urbanas, o principal problema de incómodo dos mosquitos deve-se ao *Culex quinquefasciatus*, enquanto nas zonas rurais o baixo nível de incómodo dos mosquitos observado se deve quase exclusivamente às duas principais espécies de *Anopheles*. Os relatórios publicados sobre a suscetibilidade aos insecticidas das espécies de mosquitos na RDC são escassos. Mulumba *et al (2008)* confirmaram a suscetibilidade do *An. gambiae s.l.* em Kinshasa aos insecticidas das quatro classes de insecticidas recomendadas pela OMS para o controlo dos mosquitos adultos. Mais recentemente, avaliações de *An. gambiae s.l.* de quatro locais na RDC detectaram resistência ao DDT em todos os locais e a piretróides (deltametrina, permetrina e lambda-cialotrina) em três locais, com resistência a um organofosforado (malatião) num local Mulumba *et al (, 2008).* O alelo L1014F kdr, frequentemente associado à resistência ao DDT e aos piretróides, foi detectado em todos os locais, embora com frequências diferentes. Isto constitui uma grande preocupação para as abordagens de controlo atualmente disponíveis, que utilizam principalmente piretróides em redes ou DDT, piretróides, carbamatos ou organofosforados pulverizados nas paredes interiores das casas.

A eficácia dos MILDA contra as populações locais de mosquitos é mais frequentemente avaliada em ensaios experimentais em cabanas, tal como recomendado pela OMS Mulumba *et al (2008).* Estes seguem um protocolo padrão utilizando estruturas habitacionais específicas replicadas num desenho de quadrado latino, Mulumba *et al* (2008*)* para permitir a comparação de um MILDA candidato com um controlo positivo e negativo para determinar o efeito na dissuasão, entrada na casa, mortalidade e alimentação sanguínea dos vectores-alvo. Nas localidades onde não existe uma instalação de ensaio deste tipo, a eficácia dos MILDA tem de ser testada através de um protocolo alternativo. Este estudo foi concebido para investigar se um modelo adaptado de quadrado latino poderia ser aplicado em agregados familiares normais de uma aldeia para avaliar a eficácia e a aceitabilidade comparativas dos MILDA. O PermaNet 3.0, concebido para aumentar a bioeficácia contra vectores anófeles resistentes aos piretróides, foi avaliado em comparação com um LLIN padrão (OlysetNet®) e um mosquiteiro não tratado (Yewhalaw *et al.*, 2012). Os mosquiteiros tratados com inseticida (MTI) reduzem o contacto entre o homem e o vetor através de uma barreira física e de efeitos insecticidas e/ou repelentes. A utilização em larga escala dos MTI protege tanto os utilizadores como os não utilizadores através da proteção pessoal e comunitária obtida com elevadas taxas de cobertura (Rafinejad ,2008 ; Gu e Novak, 2009). Desta forma, foi demonstrado que os MTI reduzem o fardo da malária em mulheres grávidas e crianças pequenas (OMS, 2005) e reduzem a incidência de episódios de malária não complicada em cerca de 40% em zonas de malária estável e instável em relação aos mosquiteiros não tratados (Lengeler, 2009). Os mosquiteiros tratados com insecticidas de longa duração (REMILD), concebidos para durar toda a vida útil do mosquiteiro, foram desenvolvidos para evitar a necessidade de um novo tratamento de 6 em 6 meses [Gunasekaran e Vaidyanathan , 2005]. Para serem classificados como REMILD, os mosquiteiros devem manter a sua atividade biológica eficaz sem novo tratamento durante pelo menos 20 lavagens padrão da OMS em condições de laboratório e três anos de utilização recomendada em condições de campo (OMS, 2005). Foram desenvolvidas duas técnicas para manter a atividade biológica: incorporar o inseticida no polímero têxtil através de extrusão (como acontece com o polietileno e o polipropileno) e misturar o inseticida com uma resina resistente à lavagem que é ligada em torno das fibras do polímero (poliéster) (OMS, 2005). Os piretróides são a única classe de inseticida atualmente recomendada para tratar os mosquiteiros. Doze tipos de mosquiteiros são atualmente recomendados pelo Esquema de Avaliação de Pesticidas da OMS (WHOPES). Estes utilizam permetrina, deltametrina ou alfa-cipermetrina, havendo uma combinação que utiliza a deltametrina em conjunto com o sinergista piperonilbutóxido (PBO) na cobertura do produto. No entanto, há cada vez mais relatos de vectores da malária que desenvolveram resistência aos piretróides normalmente utilizados em REMILDs e a resistência aos piretróides está agora firmemente estabelecida em toda a África (Ranson, 2000; Coleman *et al, 2006 e* Ranson *et al., 2011).* Esta resistência aos piretróides pode comprometer o controlo da malária, uma vez que os mosquiteiros tratados com inseticida podem perder eficácia, embora não existam atualmente estudos que associem a resistência aos insecticidas ao fracasso do controlo dos mosquiteiros tratados com inseticida. Na Etiópia, a utilização de mosquiteiros tratados com inseticida teve início em 1997 e o seu aumento começou em 2005, com o objetivo de obter uma cobertura elevada para um controlo eficaz da malária. O Programa Nacional de Controlo da Malária (NMCM) distribuiu 36 milhões de mosquiteiros tratados com inseticida entre 2005 e 2010, visando 52 milhões de pessoas em risco (OMS, 2011). A pulverização residual em recintos fechados também tem sido efectuada com deltametrina, malatião e bendiocarbe. O An. arabiensis Patton é a principal espécie de vetor da malária no sudoeste do país e é a única espécie de vetor do complexo An.

gambiae presente na zona de estudo. Estudos anteriores na zona indicaram que as populações de *Anopheles arabiensis* eram resistentes ao DDT, permetrina, deltametrina, malatião [Yewhalaw I et al., 2011; Yewhalaw 2010] e lambdacyhalothrin (D. Yewhalaw et al., não publicado). A mutação kdr da África Ocidental (L1014F) foi o mecanismo de resistência subjacente observado nestas populações de mosquitos com uma frequência alélica de mais de 98% (Yewhalaw I et al., 2010; Yewhalaw 2011). No entanto, a relação entre a frequência de kdr e a resistência fenotípica continua mal definida; por exemplo, o rápido aumento da frequência de kdr em *An. gambiae* s.s. do Quénia ocidental não foi associado a aumentos simultâneos da resistência fenotípica ([Mathias , *2011)*. Além disso, apesar de o kdr ter atingido a fixação, as REMILDs parecem continuar a ser eficazes. Assim, a resistência observada no An. arabiensis na área de estudo pode não ser apenas atribuível à resistência do local-alvo, embora as investigações de outros mecanismos tenham sido insuficientes devido à capacidade limitada de realizar ensaios bioquímicos em espécimes frescos recolhidos no terreno, o que é necessário para a deteção de esterases, oxidases ou GSTs reguladas positivamente. Além disso, pouco se sabe sobre as implicações de qualquer resistência observada na bioeficácia prevista das intervenções insecticidas, como as REMILDs. Os mosquiteiros tratados com inseticida (MTI) são uma ferramenta importante para proteger os indivíduos contra a morbilidade e a mortalidade causadas pela malária (Rafinejad,200 8; Gu e Novak, 2009). A distribuição de mosquiteiros tratados em fábrica (MTI tratados em fábrica e concebidos para manter a atividade inseticida até três anos (Lengeler, 2004) por governos, organizações não governamentais (ONG) e doadores resultou num aumento dramático da sua posse e contribuiu para a diminuição do fardo da malária desde 2000 (Gunasekaran e Vaidyanathan, 2005). A posse e utilização de MTIs nos agregados familiares, medida pelo número de crianças com menos de cinco anos que declararam ter usado um MTI na noite anterior, aumentou de três a dez vezes entre 2000 e 2008 em muitos países africanos (Gunasekaran e Vaidyanathan , 2005; OMS, 2005; Ranson *et al* 2010). De acordo com o último Relatório Mundial sobre o Paludismo, 41% das crianças e 33% de todas as pessoas que residem em regiões onde o paludismo é endémico na África Subsariana declararam dormir sob um MTI (Gunasekaran e Vaidyanathan , 2005). A distribuição de mosquiteiros tratados com inseticida em zonas endémicas da malária no Quénia aumentou a posse de qualquer mosquiteiro para 70% e a posse de um MTI para 60% (Coleman *et al., 2006).* O aumento da posse e da utilização de MTI contribuiu para um declínio significativo do peso da malária em toda a África Subsariana (Hemingway e Ranson, 2004; Gunasekaran e Vaidyanathan, 2005; OMS, 2011). Todos os mosquiteiros funcionam como uma barreira física, impedindo o acesso aos mosquitos vectores e proporcionando assim proteção pessoal contra a malária ao(s) indivíduo(s) que os utiliza(m) (Yewhalaw , 2010; Yewhalaw ,2011). No entanto, os mosquiteiros não tratados, mesmo com alguns furos, oferecem pouca proteção (Yewhalaw 2010). A adição de insecticidas piretróides serve para aumentar a eficácia dos mosquiteiros intactos e para prolongar a eficácia dos mosquiteiros com buracos. Os piretróides utilizados para tratar os MTI têm um efeito repelente de excrementos, acrescentando assim uma barreira química à barreira física e reforçando a proteção pessoal através dos mosquiteiros (Yewhalaw , 2010; Yewhalaw 2011; Mathias, 2011). Os insecticidas incorporados nos MTI matam os vectores da malária que entram em contacto com eles e, quando utilizados pela maioria da população-alvo, podem proporcionar proteção a toda a comunidade, incluindo as pessoas que não dormem sob um MTI (Gillies e Coetzee, 1987; Brogdon e McAllister, 1998; CDC, 2012). Uma meta-análise de dados de ensaios com mosquiteiros tratados e não tratados sugeriu que cerca de metade da proteção provinha da barreira física do mosquiteiro e a outra metade da barreira química (Abbott, 1925).

No Quénia ocidental, a transmissão da malária nas zonas de planície em redor do Lago Vitória tem sido historicamente muito elevada, com taxas de inoculação entomológica estimadas em mais de 300 picadas infecciosas por pessoa por ano (Moores e Bingham, 2005; Ahmed *et al, 2006;* Corbel *et al.*, 2010). Contudo, a expansão dos MTI e de outras ferramentas de controlo da malária reduziu a transmissão e a morbilidade e mortalidade associadas à malária. Entre 2003 e 2007, a vigilância demográfica indicou uma redução de 42% na mortalidade entre as crianças com menos de cinco anos de idade, coincidindo com a expansão dos MTI, bem como com a melhoria do diagnóstico e a introdução do ACT *(Etang et al., 2004).*

As densidades de *Anopheles gambiae* s.l. e *Anopheles funestus* diminuíram acentuadamente num ensaio aleatório de mosquiteiros tratados com permetrina em aldeias do Quénia ocidental (Djouaka , 2008*;* Muller , 2008*)*. A monitorização subsequente demonstrou um declínio na proporção de *An. gambiae* s.s., o principal vetor da malária, em relação ao *Anopheles arabiensis* (Hardstone *et al., 2009).*

No entanto, observou-se um ressurgimento dos vectores da malária, da prevalência de parasitas e do fardo da doença da malária em vários locais na zona ocidental do Quénia, apesar da elevada posse de MTI (Berticat *et al.*, 2008*;* OMS, 2011). Este ressurgimento pode dever-se a um dos seguintes factores ou a uma combinação dos mesmos: eficácia reduzida dos MTI, resistência dos mosquitos aos insecticidas, utilização incorrecta dos MTI, rutura de stocks de medicamentos antipalúdicos ou mesmo um regime de dosagem deficiente dos medicamentos recomendados por políticas por parte de estabelecimentos privados (Berticat *et al., 2008;* Trape , 2011). Este estudo investigou o impacto de níveis elevados de resistência aos piretróides no An. gambiae na sua tendência para entrar e repousar dentro das redes. Os resultados sugerem que a resistência dos mosquitos aos piretróides pode comprometer a eficácia das redes, mesmo com poucos furos. Estas conclusões têm implicações graves para a África Subsariana, onde a resistência aos insecticidas piretróides está a aumentar rapidamente. Ochomo *et al,* (2013) encontraram mosquitos *An. gambiae* a repousar dentro de mosquiteiros tratados com piretróides numa zona de resistência documentada aos piretróides na parte ocidental do Quénia. Confirmou-se que os mosquitos locais eram resistentes à permetrina e à deltametrina, que sobreviviam à exposição a REMILDs não utilizadas e não lavadas em bioensaios de cone padrão e que os mosquiteiros recolhidos no terreno retinham níveis adequados de inseticida, conforme medido em bioensaios contra uma estirpe suscetível de mosquitos An. gambiae. Os dados aqui apresentados indicam que a resistência dos mosquitos Anopheles em Bungoma pode estar a minar a eficácia dos mosquiteiros na zona. Foi demonstrado que os mosquiteiros com buracos eram mais susceptíveis de albergar mosquitos em repouso. Dada a propagação da resistência aos piretróides em toda a África Subsariana, espera-se que outros investigadores adoptem este método para examinar até que ponto os mosquiteiros estão a impedir a entrada de mosquitos noutros locais. Estes resultados sublinham a necessidade de novos insecticidas e ferramentas para a prevenção da malária em África, bem como a necessidade de aperfeiçoar as estratégias de substituição de REMILDs. A incapacidade de lidar com a propagação da resistência aos piretróides ameaça minar os ganhos obtidos na prevenção e controlo da malária na África Subsariana. Yewhalaw et al. 2012 analisaram as taxas de mortalidade e de destruição relativamente baixas observadas em quatro populações de An. arabiensis resistentes a piretróides do sudoeste da Etiópia, após exposição a MILDA padrão recomendados pela OMS novos e não utilizados.

Por outro lado, foi observada uma bioeficácia óptima para a cobertura deltametrina+PBO do PermaNetW 3.0 contra as quatro populações. Embora a abordagem tenha utilizado bioensaios de cone apenas com mosquiteiros novos, forneceu informações convincentes que sugerem que a resistência aos piretróides pode ser um motivo de preocupação para a eficácia sustentada das intervenções baseadas em piretróides na Etiópia. Também indica a utilidade de realizar estudos comparativos de bioeficácia utilizando populações locais de mosquitos, e sublinha a necessidade urgente de estabelecer uma estratégia de gestão da resistência aos insecticidas (IRM) para a Etiópia. *Bobangaet al* (2013) descobriram *que o Anopheles gambiae s.s.* (forma M) de Kindele era resistente ao DDT e à permetrina, mas suscetível à deltametrina, ao propoxur e ao bendiocarbe. Foi detectada a mutação *kdr* da África Ocidental e a suscetibilidade à permetrina foi restaurada com a pré-exposição ao ETAA em bioensaios em frasco, indicando a presença provável de enzimas glutationa transferase elevadas. Embora não tenha havido diferenças detectáveis nos índices de *Anopheles* ou *Culex* em função do tipo de rede ou do estado de lavagem, o PermaNet 3.0, tanto não lavado como lavado, mostrou uma bioeficácia significativamente mais elevada contra *o An. gambiae s.s.* em bioensaios de cone e foi associado a uma maior utilização e perceção dos benefícios em comparação com o OlysetNet. Um estudo anterior realizado no Irão sobre os mosquiteiros Olyset revelou a eficácia destes mosquiteiros de longa duração contra o *A. stephensi* em condições laboratoriais (Rafinejad et al., 2008). Os resultados de Soleimani-Ahmadi *et al.* (2012) revelaram uma redução significativa da densidade total de vectores de anofelina no interior e no exterior da área com redes Olyset em comparação com a área com redes não tratadas. Do mesmo modo, em estudos realizados na Índia, a densidade de mosquitos em casas com redes Olyset foi drasticamente reduzida em comparação com casas com redes não tratadas (Ansari et al., 2006; Sharma et al., 2009). Muitos estudos realizados noutros países onde há malária reconheceram a elevada eficácia do Olyset na redução da densidade de mosquitos anófeles em recintos fechados (Ansari et al., 2006; N'Guessan et al., 2001; Sharma et al., 2009; Sreehari et al., 2007). Esta redução pode ser explicada pela redução da longevidade da população de mosquitos devido à matança em massa, como foi claramente demonstrado na Índia, Gâmbia e Tanzânia (Magesa et al., 1991; Quinones et al., 1998; Sharma et al., 2009). Outra explicação possível para a diminuição da densidade de repouso interior dos vectores da malária na zona de ensaio é o efeito repelente de saída do Olyset na população de vectores.

Outra conclusão importante deste estudo foi uma diminuição significativa do HBI dos vectores da malária nas aldeias com mosquiteiros Olyset em comparação com as aldeias com mosquiteiros não tratados. Num estudo semelhante realizado por N'Guessan et al. (2001) na Costa do Marfim, o Olyset teve um melhor desempenho do que os mosquiteiros convencionalmente tratados com permetrina na redução do contacto homem-vetor, uma vez que reduziu significativamente as taxas de entrada e de alimentação de sangue humano. A diminuição da HBI, após a utilização de mosquiteiros tratados com permetrina, foi registada na Tanzânia, na Índia e no Burkina Faso (Chandre et al., 2010; Malima et al., 2008; Maxwell *et al.*, 2006).

Este facto pode dever-se ao efeito de repelência da permetrina, que aumenta a probabilidade de os mosquitos saírem das habitações e faz com que os animais sejam uma fonte alternativa de refeição sanguínea. Neste estudo, o tempo médio de destruição aumentou de 1,48 min na linha de base para 3,25 min no Olyset após 12 meses de utilização em condições de campo. Estudos recentes efectuados na Índia e na Tanzânia apoiam as nossas conclusões (Sharma et al., 2009; Tami *et al.*,2004).

O tempo de destruição está diretamente relacionado com a concentração de inseticida na superfície dos insecticidas de ação rápida, como os piretróides (OMS, 1998). Isto implica também que a regeneração do inseticida na superfície das redes é muito rápida. Este facto deve-se talvez às condições tropicais quentes, que provocam a migração e a reposição da permetrina na superfície das fibras da rede mais rapidamente. O bioensaio dá uma estimativa do inseticida na superfície da fibra do mosquiteiro que pode ser potencialmente absorvido pelos mosquitos e determina o período de tempo necessário para a regeneração de um MILDA após repetidas lavagens (OMS, 2005). O aumento da bioeficácia nos bioensaios de cone da OMS está provavelmente associado a uma maior proteção contra a picada de anófeles. Por conseguinte, é importante visar a eficácia máxima, em termos de mortalidade e de eliminação no bioensaio, para obter a máxima proteção contra a malária em condições de campo (Gimnig *et al.,* 2005).

No presente estudo, as concentrações médias de permetrina após um ano de utilização foram efetivamente elevadas (683,1 mg/m2) e os mosquiteiros Olyset foram considerados eficazes e proporcionaram uma mortalidade de 72,3% contra A. stephensi em testes de bioensaio. A dosagem recomendada de permetrina nos mosquiteiros convencionais é de 200-500 mg/m2. Assim, a concentração de permetrina nestes mosquiteiros é teoricamente adequada para ser eficaz.

Os mosquiteiros de longa duração devem atingir um equilíbrio em que uma grande parte do inseticida é retida na fibra ou na resina, enquanto que uma parte suficiente migra para a superfície do mosquiteiro, onde está disponível para matar ou derrubar os mosquitos (Gimnig *et al.,* 2005). Os nossos resultados também são semelhantes às conclusões de N'Guessan et al. na Costa do Marfim (2006). Que referiram uma boa persistência do inseticida após 3 anos de utilização e que o Olyset tinha uma elevada bioeficácia, induzindo uma mortalidade >80% em bioensaios, quando testado em cabanas experimentais. Em ensaios realizados na Índia, foi referido que a exposição de 3 minutos ao Olyset induziu uma mortalidade de 100% em A. culicifacies e A.

fluviatilis capturados na natureza e alimentados com sangue, após 11 e 20 lavagens, respetivamente (Sharma et al., 2009). Noutro estudo realizado na Tanzânia, após sete anos de utilização contínua, o teor de permetrina do Olyset era ainda 35% da dose de carga inicial e 90% das redes continuavam a ser totalmente activas contra o A. gambiae em termos de mortalidade por KO no teste de bioensaio de exposição de 3 minutos (Tami *et al.,* 2004).

O presente estudo mostrou uma redução considerável da incidência da malária após a distribuição de mosquiteiros, com uma maior redução na área de mosquiteiros Olyset em comparação com a área de mosquiteiros não tratados. Esta redução resulta provavelmente da ação repelente e mortífera do Olyset sobre os vectores da malária. Foram registadas conclusões semelhantes nas zonas rurais da Índia (Sharma *et al.,* 2009; Sreehari *et al.,* 2007). Muitos estudos realizados noutros países endémicos demonstraram uma redução da incidência da malária após a introdução de mosquiteiros tratados com permetrina (Snow *et al.,* 1988; Beach *et al.,* 1993; Stich *et al.,* 1994).

Indicou que o Olyset proporciona uma elevada eficácia contra os vectores da malária, incluindo a redução da densidade de repouso dos mosquitos anófeles no interior das habitações e o aumento da proteção pessoal, medida pela redução do índice de sangue humano. Além disso, estes mosquiteiros de longa duração mantiveram níveis elevados de inseticida e um bom desempenho, bem como uma eliminação rápida e uma mortalidade elevada nos bioensaios de cone da OMS. No presente estudo, o Olyset foi monitorizado apenas durante 12 meses após a distribuição. São necessários estudos futuros para investigar a eficácia duradoura destes MILDA durante pelo menos três anos em condições de campo. Okia *et al. (2013) descobriram que* a resistência aos piretróides nos vectores da malária no Uganda é elevada e é provável que limite o impacto dos MILDA. A avaliação da eficácia de vários MILDA contra populações de An. gambiae de diferentes zonas de transmissão da malária forneceu informações valiosas sobre grandes variações, dependendo da população e do MILDA testado. Esta informação pode ser usada para tomar decisões racionais para selecionar MILDA com a maior bioeficácia prevista sem esperar por provas indiscutíveis de falhas de controlo de estudos mais abrangentes.

O controlo da eficácia dos MILDA deve ser efectuado regularmente, a fim de orientar a política de seleção e distribuição de MILDA.

Capítulo 3

3.0 ÁREA DE ESTUDO

A investigação foi efectuada em três comunidades da Área de Governo Local de Makurdi do Estado de Benue. Makurdi é a capital do Estado de Benue, com uma população estimada em 500.797 habitantes (World Gazetteer, 2013)

3.1 MAPA DE MAKURDI

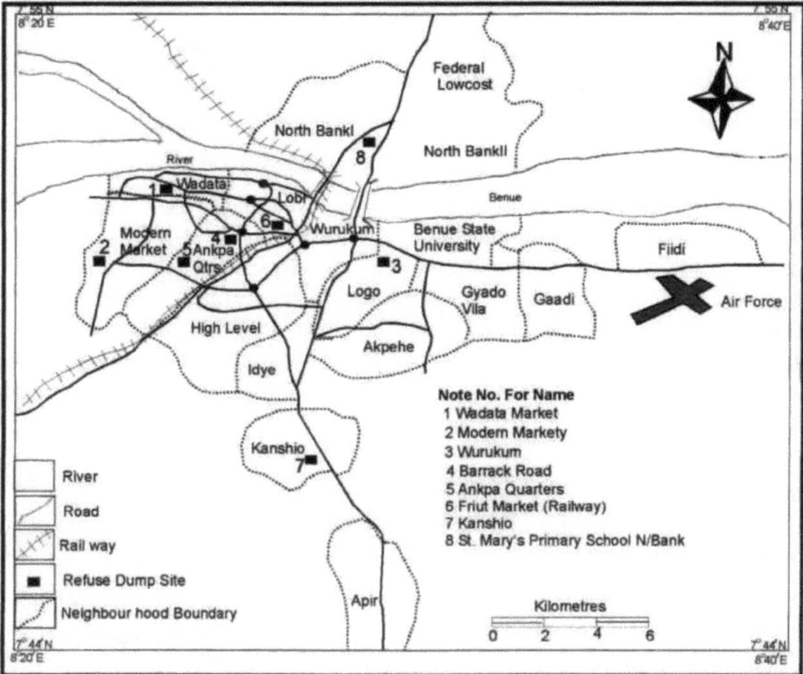

Figura 4

3.2 MATERIAIS E MÉTODOS

3.3 MATERIAIS

Os materiais incluem o seguinte;

1. Questionários
2. Redes com tratamento inseticida de longa duração
3. Gaiolas para insectos
4. Cone- Kits de teste (WHO/WHOPES ,2005; IVM, 2010).

3.4 MÉTODOS

Foi aplicado um questionário aos chefes de família das zonas onde os mosquiteiros foram recolhidos. O objetivo do questionário era obter informações tais como:

utilização da rede; se algum membro do agregado familiar dorme debaixo de redes mosquiteiras, duração da utilização, número de pessoas no agregado familiar, grupo etário que dorme debaixo da rede, e também se as redes foram lavadas ou não, em caso afirmativo, quantas vezes.

3.5 INSECTÁRIOS

O laboratório foi utilizado como insectário onde os estádios imaturos (larvas e pupas) foram criados até à fase adulta.

3.6 Gaiola de rede

No total, foram construídas três gaiolas, com tamanho de 16x16 polegadas. Cada uma das comunidades terá uma gaiola onde será mantido o insectário.

3.7 Recolha de larvas/criação de espécies de *Anopheles*

A recolha de larvas foi efectuada entre os meses de abril e junho de 2014.

Foi estabelecido que as larvas de *An.gambiae* se encontram paralelamente à água. Utilizou-se uma concha e uma colher de recolha para recolher as larvas dos seus locais naturais de reprodução nas comunidades selecionadas. Tomou-se o cuidado de não perturbar as larvas. As larvas e as pupas recolhidas foram transferidas para um recipiente de plástico que continha a água do local de reprodução e mantidas bem fechadas para que a água não se derramasse. Deixou-se entrar ar no topo do recipiente de plástico para que as larvas e as pupas pudessem respirar enquanto eram transferidas para os insectários (pequenos recipientes) que serão mantidos nas gaiolas. A água do recipiente foi mudada logo que se notou que estava poluída para evitar uma mortalidade elevada.

A fase adulta que emerge foi alimentada com uma solução de açúcar colocada em algodão (OMS, 2005; IVM, 2010). O algodão foi

O algodão espremido foi colocado nas gaiolas em vários locais. O algodão espremido foi colocado nas gaiolas em vários locais.

3.8 Seleção de mosquitos

As *espécies de Anopheles* fêmeas foram separadas dos machos com base em

(i) Os palpos não estão inchados na extremidade,

(ii) As antenas não são plumosas, ou seja, não têm penas, enquanto nos machos os palpos estão inchados e as antenas são plumosas por natureza (Gillies e Coetzee, 1987 ;WHO,1975)

A seleção foi feita por simples observação. As fêmeas foram aspiradas com um aspirador

3.9 Recolha líquida/ Tamanho da amostra

3.9.1 Dimensão da população. Foram amostradas as zonas de News-kanshio, Wurukum e North Bank, cada uma com um número estimado de casas de 351,745 e 784, respetivamente. A dimensão da amostra foi de 184, 254 e 259 casas, respetivamente (Raosoft, 2004). Os agregados familiares foram objeto de amostragem para a aquisição de REMILDs

As redes usadas foram recolhidas aleatoriamente (Sheldon, 2010) nos agregados familiares. Foram recolhidas redes usadas com um, dois, três e quatro anos de idade em agregados familiares selecionados aleatoriamente nas comunidades. As redes usadas foram substituídas por novas. No total, foram recolhidas doze redes dos agregados familiares, quatro redes de idades diferentes em cada uma das três comunidades.

3.10 BIOASSAIA

3.10.1Teste de cone

O teste de cone, tal como recomendado pelos Esquemas de Avaliação de Pesticidas da Organização Mundial de Saúde/Organização Mundial de Saúde (OMS, 2005), foi utilizado para testar os efeitos de eliminação (KD) dos piretróides nas redes ligadas.

Foram utilizados os pedaços de rede recomendados pela OMS (25 cm por 25 cm). Os pedaços de rede de 25 por 25 foram cuidadosamente cortados das redes velhas de diferentes idades e colocados firmemente na parede do laboratório. O cone foi colocado sobre as redes a testar. Os mosquitos *Anopheles* foram aspirados.

As extremidades dos cones de plástico foram revestidas com fita adesiva de esponja e fixadas ao tecido da rede com um elástico. A fita adesiva foi utilizada para fixar os cones à parede. Foram transferidos para os cones 10 mosquitos *Anopheles gamble* fêmeas de 2-3 dias de idade, não alimentados com sangue, criados em laboratório. Depois de os expor durante 3 minutos, os mosquitos foram cuidadosamente retirados dos cones e transferidos para uma gaiola vazia para observação. O tempo de destruição de cada mosquito foi registado após cada intervalo de 10 minutos durante 60 minutos, tendo o KD médio sido calculado utilizando o KD dos três cones replicados de diferentes idades de redes. Em seguida, a sua mortalidade foi monitorizada e registada durante 24 horas. A experiência foi repetida três vezes para cada um dos mosquiteiros, para cada idade de mosquiteiro recolhida nos agregados familiares, utilizando o mesmo número de mosquitos. Os bioensaios foram efectuados à temperatura ambiente. Um número igual de mosquitos foi exposto às redes de controlo correspondentes (rede nova)

3.11 Controlos. Foram utilizados MILDAs novos como controlo.

3.12. Derrubamento/mortalidade.

O abate e a mortalidade do *An. Gamlae* foram estimados utilizando o manual e o vídeo da gestão integrada de vectores (IVM, 2010).

3.13 Identificação Morfológica de Amostras de Mosquitos

Os mosquitos foram armazenados sobre sílica-gel dessecada e posteriormente colocados em placas de Petri para identificação. A identificação foi efectuada, tanto quanto possível, utilizando o microscópio e as chaves morfológicas de Gillies e Coetzee (1987) e o manual da OMS (1975) sobre entomologia prática da malária.

3.14 Análise estatística

Diferença na mortalidade média entre as comunidades selecionadas, em todas as idades dos mosquiteiros (OMS, 2006) e critérios de eficácia de, pelo menos, >80% de mortalidade ou >90% de destruição utilizados para avaliar o estado de resistência/suscetibilidade dos mosquitos testados

Capítulo 4

4.0 RESULTADOS

4.1. População de mosquitos

Não foi possível determinar a população total de larvas de *Anopheles gambiae* recolhidas, uma vez que eram numerosas, embora as larvas e as pupas fossem mais abundantes na zona de North Bank do que em New-Kanshio e Wurukum. Os mosquitos foram criados em laboratório entre os meses de abril e junho de 2014

4.2. Testes de suscetibilidade

Foram efectuados três testes em cada idade de mosquiteiro para as três comunidades amostradas. Foram utilizados 10 mosquitos em três réplicas. O número total de mosquitos testados foi de 450 *Anopheles gambiae.* Os mosquitos foram identificados morfologicamente como pertencendo ao complexo Anopheles *gambiae.* Os resultados dos testes foram analisados no que respeita à taxa de destruição e mortalidade.

Os mosquitos apresentaram uma mortalidade inferior a 95% na rede amostrada após 60 minutos de exposição, mas, no entanto, apresentaram uma mortalidade ligeiramente superior a 97% após 24 horas de exposição, em média. A taxa de mortalidade mais baixa foi a de North-Bank, com 74%. As taxas de mortalidade foram de 100% para os mosquiteiros recolhidos em New-kanshio, 98,33% em Wurukum e 93,33% em North Bank. Os quadros 1, 2 e 3 mostram uma diferença significativa na eliminação de mosquitos em Kanshio, North Bank e Wurukum, respetivamente, em 60 minutos. Também os quadros 4, 5 e 6 mostram uma diferença significativa no número de mosquitos eliminados no cone em 3 minutos. Não há diferença significativa na mortalidade entre os MILDAs das três comunidades. Este facto está representado nos quadros 7 e 8.

O quadro 8 mostra que os mosquitos expostos a REMILDs de idade 0 (mosquiteiros novos) registaram a maior destruição e mortalidade de 100%, enquanto os REMILDs de quatro anos registaram a menor destruição e mortalidade de 62,22% e 81%, respetivamente. Os MILDAs da primeira idade também registaram 100% de destruição e mortalidade, os MILDAs da segunda idade registaram 85,56% de destruição e 95,56%, enquanto os MILDAs da terceira idade registaram 71,89% de destruição e 100% de mortalidade. A Figura 3 mostra que a idade dos MILDAs afectou a suscetibilidade do *An. Gambiae*

Tabelas 4, 5 e 6. Mostram a destruição em função da idade dos MILDA durante 60 minutos de exposição em Kanshio, North Bank e Wurukum, respetivamente. Os mosquiteiros novos, os mosquiteiros com um ano e os mosquiteiros com dois anos de idade registaram 100% de destruição, ao passo que os mosquiteiros com três e quatro anos de idade registaram a menor destruição. A menor destruição foi registada na zona de North Bank. A maioria dos mosquitos foi eliminada antes de 60 minutos. A maior parte das eliminações ocorreu entre 3 minutos e 10 minutos, com 88,69 eliminações e 12,72, respetivamente, ao passo que aos 40 minutos e 60 minutos se registaram as menores eliminações, com 2,29 e 2,67, respetivamente, enquanto aos 20 minutos, 30 minutos e 50 minutos se registaram 9,32, 6,01 e 3,66, respetivamente

A mortalidade mais elevada foi registada em New-Kanshio, embora Wurukum tenha registado mais abates. A mortalidade mais elevada registou-se aos 3, 10 e 20 minutos e foi diminuindo à medida que o tempo passava.

Os mosquitos amostrados nas três comunidades eram susceptíveis aos mosquiteiros de todas as idades amostradas. Embora tenha havido flutuações na altura da mortalidade. A figura 5 mostra a relação da mortalidade entre as comunidades: Wurukum 34 > New-Kanshio 33,3 >Norh-Bank 29,69. A figura 6 indica uma diminuição da mortalidade média em função da idade da rede, com a rede de controlo a apresentar o número mais elevado e a rede de idade 4 a apresentar o número mais baixo. Isto indica que as redes mais antigas são menos eficazes do que as redes novas. A figura 7 mostra que 60% das habitações amostradas na zona de New-Kanshio possuem MILDA, enquanto 40% não possuem, 53,33% das habitações amostradas em North-Bank possuem MILDA, enquanto 46,67% não possuem. 40% das casas amostradas em Wurukum possuem MILDA e 60% não. Isto significa que as áreas de Wurukum registaram a menor posse de MILDA

Os dados obtidos a partir do questionário mostraram que 44,44%, 37,5% e 33,33% das casas amostradas em Wurukum, New-Kanshio e North-Bank, respetivamente, possuem LLINS mas não a utilizam, como mostra a figura 5. Os dados analisaram que 72% dos utilizadores da rede a obtiveram gratuitamente do governo, enquanto 28% das casas amostradas a compraram a vendedores, como mostra a figura 4. Também se verificou que não há diferença significativa no número de utilizadores de REMILDs nas comunidades amostradas, pois χ^2 Calculado= 6,631, P> 0,05, df=12, conforme indicado na tabela 5. Não há diferença significativa no número de vezes que os REMILDs foram lavados nas três comunidades e idades χ^2 Calculado= 1,503, P> 0,05, df=6, conforme indicado na figura 6.

Quadro 1: Eliminação de mosquitos em vários intervalos de tempo em REMILDs de diferentes idades em Kanshio

Age of LLINs	Time of Knocked in minutes								
	3	10	20	30	40	50	60	total	mean
0	27	3	0	0	-	-	-	30	7.5
1	24	2	2	2	-	-	-	30	7.5
2	24	3	2	2	-	-	-	30	7.5
3	18	3	2	1	-	-	-	23	5.7
4	16	0	1	2	-	-	-	19	4.8
Total year	**109**	**11**	**07**	**05**				**132**	
Mean year	**21.8****	**2.2***	**1.4 ***	**01***					

$F1cal = 1,582$, $Ftab(3,19)$, $P>0,05$. $F2cal = 69,68$, $Ftab\ (4,19) p<0,05$. $Lsd = 3,116$.

Quadro 2: Eliminação de mosquitos em vários intervalos de tempo em MILDAs de diferentes idades na margem norte

Age of LLINs	Time of Knocked in minutes							
	3	10	20	30	40	50	60	total	mean
0	27	3	0	0	0	0	0	30	4.3
1	18	4	1	0	4	0	2	29	4.1
2	13	1	1	0	0	1	2	18	2.6
3	14	1	2	3	0	0	3	23	3.3
4	10	1	0	2	0	6	0	19	4.8
Total year	**82**	**10**	**04**	**05**	**4**	**7**	**07**	**117**	
Mean year	**16.4****	**2***	**0.8 ***	**01***	**0.8**	**1.4**	**1.4**		

$F1cal = 0,224$, $Ftab(3,24)$, $P>0,05$. $F2cal = 27,96$, $Ftab\ (4,24) p<0,05$. $Lsd = 3,779$.

Quadro 3: Eliminação de mosquitos em vários intervalos de tempo em MILDAs de diferentes idades em Wurukum

Age of LLINs	Time of Knocked in minutes							
	3	10	20	30	40	50	60	total	mean
0	18	7	5	0	0	0	0	30	4.3
1	18	3	6	3	0	0	0	30	4.29
2	20	6	3	0	0	0	0	29	4.1
3	10	5	2	2	1	4	0	24	3.43
4	9	4	2	2	0	0	1	18	4.8
Total year	**75**	**25**	**18**	**07**	**01**	**04**	**01**		**131**
Mean year	**15****	**5***	**3.6 ***	**1.4***	**0.2***	**0.8 ***	**0.2***		

$F1cal = 0,467$, $Ftab(4,24)$, $P>0,05$. $F2cal = 37,743$, $Ftab\ (6,24) p<0,05$. $Lsd = 3,044$.

Tabela 4. Número de mosquitos abatidos após 3 minutos de exposição em Kanshio e REMILDs Idade

Age of LLINs		Replicate			
(years)	1	2	3	Total	**Mean**
1	8	8	8	24	**8***
2	8	8	8	24	**8”**
3	6	6	6	18	**6*”>**
4	5	6	5	16	**5.3*”>**
Total	**27**	**28**	**27**	**82**	
Mean	**6.8**	**07**	**6.8**		

F1cal=114.8, Ftab(2,11) = 3.98.P<0.05, F2cal= 1.125, Ftab(3,11)= 3.59. P>0,05.Lsd=0,492.

Tabela 5. Número de mosquitos abatidos após 3 minutos de exposição no Banco do Norte e nas REMILDs Idade

Age of LLINs		Replicate			
(years)	1	2	3	Total	**Mean**
1	6	6	6	18	**6***
2	5	4	4	13	**4.3***
3	5	5	4	14	4.7
4	3	4	3	10	**3.3***
Total	**19**	**19**	**17**	**55**	
Mean	**4.8**	**4.8**	**4.25**		

F1cal=45,033, Ftab(2,11) = 3,98.P<0,05, F2cal= 1,832, Ftab(3,11)= 3,59,. P>0,05.Lsd=1,468

Tabela 6. Número de mosquitos abatidos após 3 minutos de exposição em Wurukum e REMILDs Idade

Age of LLINs (years)	Replicate 1	2	3	Total	**Mean**
1	6	6	6	18	**6***
2	6	8	6	20	**6.7"**
3	3	3	4	10	3.3*"
4	3	3	3	09	**3.0*"**
Total	**18**	**20**	**19**	**57**	
Mean	**4.5**	**5.0**	**4.8**		

F1cal=208,891, Ftab(2,11) = 3,98.P<0,05, F2cal=2,253, Ftab(3,11)= 3,59. P>0.05. Lsd=1,467

Quadro 7: Mortalidade relacionada com a comunidade de fêmeas de mosquitos *Anopheles gambiae* com 2-3 dias de idade, não alimentadas com sangue, após exposição a MILD durante 1 hora e 24 horas

Communities	Number (%) exposed	Number (%) Knockdown(60mins)	Number (%) Mortality(24hrs)
New Kanshio	120	100 (83.33)	120 (100)
North bank	120	89 (74.17)	112 (93.33)
Wurukum	120	102 (85.00)	118 (98.33)
TOTAL	360	291 (80.83)	350 (97.22)

(χ^2 calculado= 0,489, df =4, P >0,05)

Tabela 8: Mortalidade relacionada com a idade de fêmeas de *Anopheles gambiae* com 2-3 dias de idade, não alimentadas com sangue, após exposição a REMILDs durante 1 hora e 24 horas

Net Age (years)	Number (%) exposed	Number (%) Knockdown(60mins)	Number (%) Mortality(24hrs)
0	90	90 (100)	90 (100)
1	90	90 (100)	90 (100)
2	90	77(85.56)	86 (95.56)
3	90	71(78.89)	90 (100)
4	90	56 (62.22)	81 (90)
TOTAL	450	384(85.33)	437(97.11)

(χ^2 calculado= 0,774, df=8, P >0,05)

Tabela 9: Faixa etária dos utilizadores de REMILDs nas comunidades amostradas

COMMUNITY	AGE			(YEARS)			
	0-9	10-19	20-29	30-39	40-49	50-59	60-69
NEW KANSHIO	4	5	4	4	4	3	2
NORTH BANK	4	7	7	6	5	1	1
WURUKUM	5	4	2	3	1	0	2
TOTAL	13	16	13	13	10	4	5

(χ^2 Calculado= 6,631, df=12, P> 0,05)

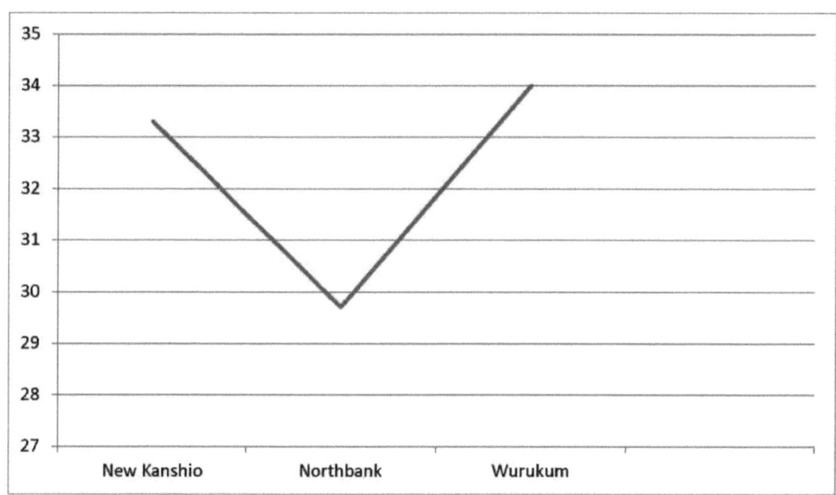

Figura 5: mortalidade média nas comunidades

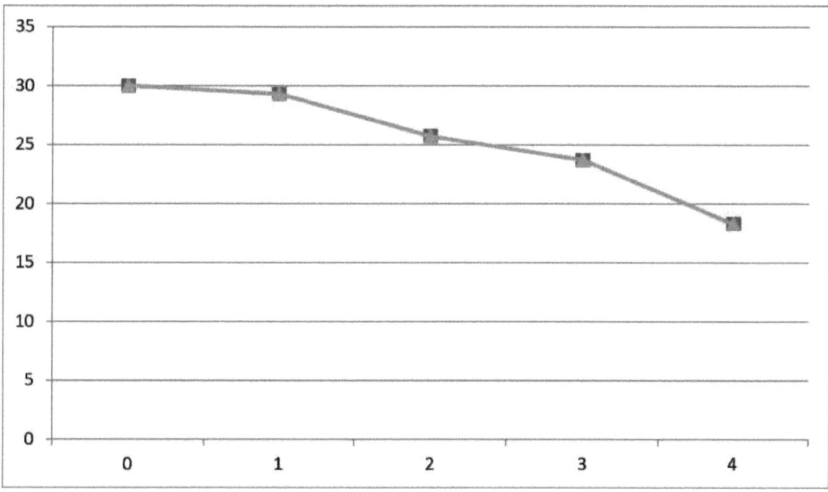

Figura 6: Mortalidade média na idade líquida

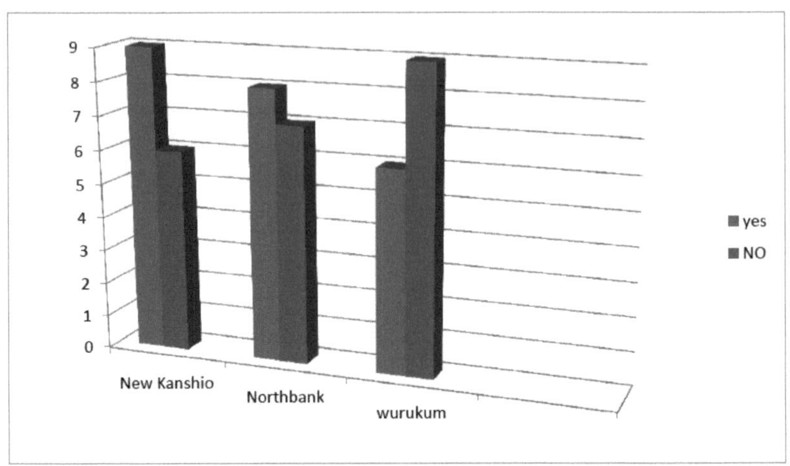

Figura 7: Posse de LLINS nas casas incluídas na amostra

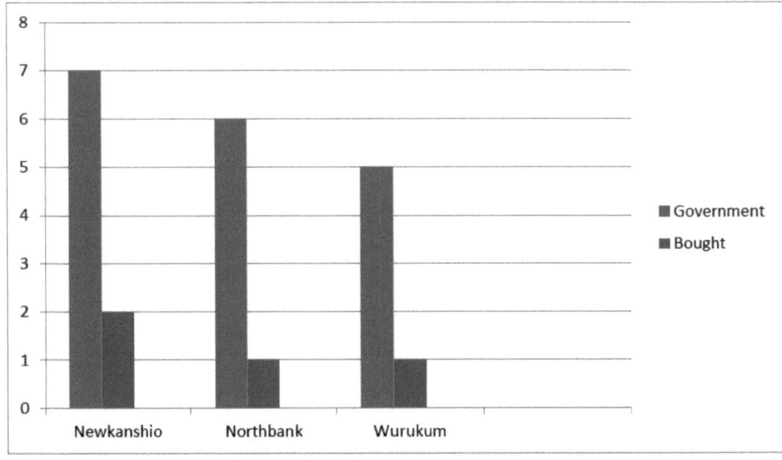

Figura 8: Fonte de receitas líquidas

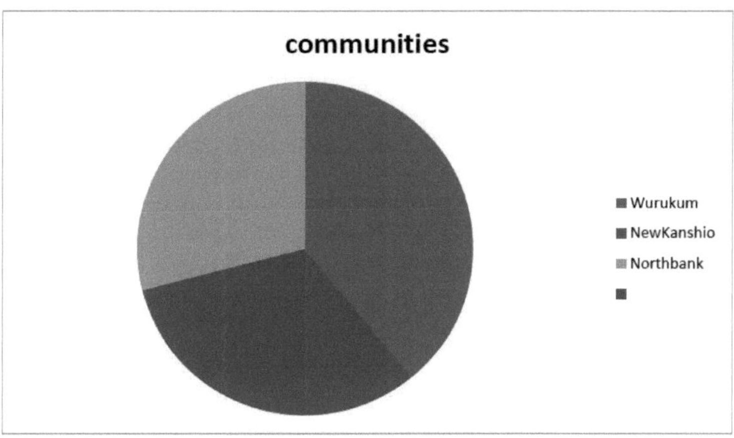

Figura 9: Não utilização de REMILDs entre os proprietários de redes

DISCUSSÃO

Um dos desafios previstos era que não seria fácil obter larvas de *Anopheles* no período do estudo devido ao atraso na precipitação deste ano. Mas isto revelou-se errado, pois foi recolhido um grande número de larvas. Muitas foram encontradas sob colónias de spirogyra e sob pedaços de madeira nos locais de reprodução de *Anopheles gambiae.* 92% das larvas eclodiram. Isto pode estar relacionado com o facto de as condições climáticas de Makurdi favorecerem a reprodução de *Anopheles,* tendo-se verificado que os mosquitos *Anopheles* provenientes de temperaturas entre os 25°C e os 27°C têm uma fecundidade aumentada quando comparados com adultos provenientes de uma temperatura mais baixa (Afrane *et al., 2006).*

Os critérios da Organização Mundial de Saúde (OMS, 2006) para determinar a resistência ou a suscetibilidade indicam que 98% a 100% de mortalidade indicam suscetibilidade, menos de 80% de mortalidade sugerem resistência, enquanto 80% a 97% requerem confirmação de resistência. No total, os mosquitos registaram uma mortalidade de 97,22% e 97,11%. A mortalidade por abate/mortalidade num intervalo de 60 minutos não revela qualquer diferença significativa na suscetibilidade do *Anopheles gambiae* em todas as comunidades amostradas. A mortalidade relacionada com a comunidade de *fêmeas* de mosquitos *Anopheles gambiae* com 2-3 dias de idade, não alimentadas com sangue, após exposição a REMILDs durante 1 hora e 24 horas, não mostra diferenças significativas e a mortalidade relacionada com a idade de *fêmeas* de mosquitos Anopheles *gambiae* com 2-3 dias de idade, não alimentadas com sangue, após exposição a REMILDs durante 1 hora e 24 horas, não mostra diferenças significativas.Isto mostra que as redes mosquiteiras tratadas com inseticida de longa duração (REMILDs) são verdadeiros instrumentos de controlo da malária e são eficazes para matar e repelir o *Anopheles gambiae*, que é o vetor do parasita da malária (OMS, 2005; Robinson e Benjamin, 2008). O resultado deste trabalho está de acordo com o de Karman (2012) e Nkup (2012), que registaram 100% de mortalidade e menos de 95% de eliminação. Este resultado está de acordo com o de Oyewole (2011), Karma (2012) e Nkup (2012), na medida em que o valor mínimo de destruição foi quase 10% inferior ao valor máximo, como no caso de Wurukum, com 85% de destruição, em comparação com North Bank, com 74,17%. Este facto indica uma tendência futura de elevada resistência em *Anopheles gambiae.*

Este estudo mostrou que os mosquitos eram susceptíveis aos piretróides nas três comunidades e em todas as idades dos mosquiteiros. Verificou-se uma elevada taxa de destruição entre os 3 minutos e os 30 minutos de exposição em todos os mosquiteiros. A diminuição observada nas taxas de Kd nos mosquiteiros de 3 e 4 anos indicou uma deterioração do inseticida à medida que o mosquiteiro envelhecia. A OMS (2007) referiu que os MILD são concebidos para manter a sua bioeficácia contra os mosquitos vectores durante um período mínimo de 3 anos, de acordo com as recomendações de utilização no terreno. Embora se verifique um baixo desempenho dos MILDA com três e quatro anos de idade na sua capacidade KD em comparação com os mosquiteiros novos ou com dois anos de idade, não se registaram diferenças significativas na suscetibilidade.

Não houve diferença significativa na mortalidade do *Anopheles gambiae* testado e também não houve diferença significativa nas taxas de destruição. Houve uma diferença significativa na idade das redes amostradas nas diferentes comunidades. A média mais elevada foi registada nas redes de idade 0, que são redes novas que serviram igualmente de controlo, o que indica que *os Anopheles gambiae* são mais susceptíveis às redes deste grupo etário do que de outros grupos etários, o que se verificou apenas aos 3 e 10 minutos. Verificou-se uma diferença média de mortalidade progressiva nas redes de um e dois anos de idade aos 3rd ,10th ,20th e 30th minutos e terminou aos três anos de idade. A mortalidade média observada aos 60th minutos nas redes do grupo de quatro anos pode ser o resultado de uma deterioração gradual do inseticida. A permetrina e a deltametrina estão entre os piretróides recomendados pelo Esquema de Avaliação de Pesticidas da Organização Mundial de Saúde (WHOPES), utilizados na impregnação de REMILDs para controlo da malária (OMS, 2007). A maioria dos MILDA utilizados na Nigéria para programas de controlo da malária são tratados com permetrina, incluindo os utilizados nesta investigação. Os estudos efectuados por Oyewole, *et al,* (2011), Awola, *et al,* (2007); Ramphul *et al,* (2009) e Abdalla *et al* (2007) relataram uma diminuição da suscetibilidade do *Anopheles gambiae* à permetrina. Na República do Benim, foi registada uma redução da eficácia dos MTI e da pulverização intranasal em zonas resistentes aos piretróides (N'Guessan *et al., 2007).*

No entanto, os resultados desta investigação não revelaram qualquer evidência de resistência aos piretróides no *Anopheles gambiae.* É necessário efetuar uma vigilância constante da bioeficácia dos MILDA em função da idade.

CONCLUSÃO

Os MILDA recomendados pela OMS e distribuídos aos utilizadores finais na Nigéria têm uma vida útil de três anos. As idades de um e dois anos registaram a taxa mais elevada de queda. Além disso, os mosquiteiros não devem ser lavados regularmente, uma vez que esta investigação concluiu que o mosquiteiro do grupo de dois anos em North Bank foi lavado mais do que o necessário, cerca de 5 vezes em dois anos, o que pode ser uma das razões pelas quais a zona teve a menor taxa de destruição.

Os Anopheles gambiae são muito susceptíveis aos piretróides e não se verificaram diferenças significativas na suscetibilidade das fêmeas de *Anopheles gambiae* aos piretróides nos MILDA em algumas áreas selecionadas do Metroplois de Makurdi. Mas a diferença acentuada entre o controlo (mosquiteiros novos) e os mosquiteiros mais velhos indica a possibilidade de uma redução da suscetibilidade na bioeficácia dos MILDA com a idade contra o vetor do parasita da malária (*Anopheles gambiae fêmea)* na Nigéria, no futuro. Isto concorda com Betson *et al*, (2009) que, antes de se introduzirem quaisquer actividades de controlo baseadas em insecticidas, devem ser avaliados os níveis de resistência aos insecticidas no vetor do parasita da malária. Isto dará pistas sobre a avaliação da eficácia do programa de intervenção

6.2 RECOMENDAÇÕES

A partir desta investigação, recomendo que;

> Controlo periódico da resistência e suscetibilidade de *Anophelesgambiae*

> Estratégia de gestão como parte integrante da proposta de âmbito nacional. Programas de intervenção do IRS

> monitorização rigorosa da resistência aos insecticidas nos programas de controlo da malária com REMILDs e IRS em todo o país para travar a resistência do *complexo Anopheles gambiae*

> Os larvicidas que não causam danos ambientais líquidos devem ser espalhados ao longo das zonas ribeirinhas e de drenagem

REFERÊNCIAS

Abbott, W.S.(1925): Um método para calcular a eficácia dos insecticidas. *Jornal de Entomologia Económica,* 18:265-267.

Abdalla, H.,Matambo,T. S., Koekemoer, L. L., Mnzava, A. P., Hunt, R. H., Coetzee, M., (2007). Suscetibilidade a insecticidas e estatuto de vetor de populações naturais de *Anopheles arabiensis* do Sudão. Royal ociety for *Tropical Medicine and Hygiene,* 102(3):263-271

Adeogun A.O., Olojede JB, Oduola AO, Awolola T.S. (2012;) Eficácia de uma combinação de rede inseticida duradoura contra *Anopheles gambiae s.s.*e *Culexquinquefasciatus* resistentes a piretróides*:* Um ensaio experimental numa cabana na Nigéria. *Nigerian Journalof Clinical Biomed Re* 2012; *1:* 37-50.

Ahmed, M, Denholm I, Bromilow ,R.H .(2006): Penetração cuticular retardada e metabolismo melhorado da deltametrina em estirpes resistentes a piretróides de *Helicoverpa armigera* da China e do Paquistão.2006, 62(9):805-810.

Ansari, M.A., Sreehari, U., Razdan, R.K., Mittal, P.K., 2006. Bioeficácia das redes Olyset contra os mosquitos na Índia. Jornal da Associação Americana de Controlo de Mosquitos 22 (1), 102-106.

Awolola , T.S.,Oduola,O.A., Obansa, J. B.,Chukwurah, N.J. e Uniyimadu, J.P,(2007). Dinâmica do alelo de resistência aos insecticidas piretróides Knocked down numa população de campo de *Anophelesgambiae* sensusticto da Nigéria. *Sociedade Real de Medicina Tropical e Higiene*

Beach, R.F.,Ruebush, T. K., Sexton, J. D., Bright, P.I., Hightower, A.W., Breman,J.P, (1993) . Eficácia dos mosquiteiros e cortinas impregnados de permetrina no controlo da malária numa zona holoendémica do Quénia ocidental. American Journal of Tropical Medicine and Hygiene 49 (3), 290-300.

Berticat, C, Bonnet, J, Duchon ,S, Agnew, P, Weill, M, Corbel ,V (2008): Costs andbenefits of multiple resistance to insecticides for Culexquinquefasciatus mosquitoes. BMC EvolBiol, 8:104.

Besansky, N. J, Powell, J.R, Caccone, A, Hamm, D.M, Scott, J.A, Collins, F.H. (1994). "Filogenia molecular do Anopheles gambiae *Proc. Natl. Acad. Sci.* **91** (15): 6885-8.

Bhano e Sindya. (2010). " Pesticida doméstico está a chegar aos rios da Califórnia, sugere estudo . *Green Inc.Energy, Environment, and the Bottom Line".* New York Times. Recuperado em 5 de fevereiro de 2010.

Centro de Controlo de Doenças (2012) Evaluating mosquitoes for insecticide resistance. Atlanta, GA: Centro de Controlo e Prevenção de Doenças 2012.http : //www.cdc. gov/ncidod/wbt

Chandre, F., Chiron, F., Cowman, A. f, (2010). Eficácia no terreno da cobertura de plástico tratada com piretróides (revestimento durável) em combinação com redes insecticidas de longa duração contra os vectores da maláriaParasitas e Vectores 3 (1),

65.

Charlwood, J. D., Smith, T., Billengsley , P. F., Takken, W., Lyimo, E.O.K. e Meuwissen, (1997) "Survival and Infection probabilities of Arthropophagic anophelines from an area of high prevalency of *Plasmodium falciparium* in humans. *Boletim de investigação entomológica* 87 (5): 445-453

Coene, J, Ngimbi, N.P, Mandiangu, M, Mulumba, M.P. (1987) /.Note sur les anophèles Kinshasa, Zaïre. *Ann Soc Belge Med Trop; 67:* 375-9.

Coene .J, Ngimbi ,N.P, Mulumba, M.P, Wéry M (1989). Ineficácia dos mosquiteiros em Kinshasa, Zaire. *Trans R Soc Trop Med Hyg* 1989; *83:* 568-9. Coene, J. (1993) Malaria in urban and rural Kinshasa: O contributo entomológico. *Med Vet Entomol* 1993; *7:* 127-37.

Corbel, V, N'Guessan, ., Brenguess, C., Chandre, F, (2010) : Eficácia no terreno de uma nova rede mosquiteira de longa duração em mosaico (PermaNet 3.0) contra vectores do paludismo resistentes aos piretróides: um estudo multicêntrico na África Ocidental e Central. Malaria J, 9:113.

Coleman M, Sharp ,B, Seocharan I, Hemingway ,J.(2006): Desenvolvimento de um sistema de apoio à decisão baseado em provas para a escolha racional de insecticidas no controlo dos vectores da malária em África. JMed Entomol, 43(4):663-668.

Corbel V, Chabi J, Dabiré RK, Etang J, Nwane P, Pigeon O, *et al* (2010;). Eficácia no terreno de um novo mosquito mosaico de longa duração contra vectores da malária resistentes aos piretróides: Estudo amulticêntrico na África Ocidental e Central.*Malar J .9:* 113.

Djouaka, R.F,*et al.,* (2008). A expressão do citocromo P450s, CYP6P3 e CYP6M2 é significativamente elevada em populações resistentes a múltiplos piretróides de Anopheles gambiaes.s. do sul do Benim e da Nigéria. BMC Genomics, 9:538.

Etang, J, Chandre, F, Guillet, P, Manga, L.(2004,): Redução da bio-eficácia

de mosquiteiros impregnados com permetrina EC contra a estirpe de Anopheles gambiae com tolerância aos piretróides baseados na oxidase. Malaria J. 3:46.

Fane, M, Cisse ,O, Sekou ,C, Traore ,F, Sabatier, P. (2011) Resistência *de Anopheles gambiae* a redes tratadas com piretróides em áreas de algodão versus arroz no Mali. *Ata Trop* 2011; *22* (1): 1-6.

Fanello, F. Santolamazza & A. Della Torre (2002).' Identificação simultânea de espécies e formas moleculares do complexo Anopheles gambiae por PCR-RFLP". *Medical and Veterinary Entomology* **16** (4): 461-4.

FMOH (2009).Política para a implementação de mosquiteiros tratados com inseticida (ITNs/LLINs) na Nigéria

Giles, G.M. (1902). A handbook of the gnats or mosquitoes giving the anatomyand life history of the Culicidae together with descriptions of all species noticed up to the present date. John Bale, Sons &

Giles, M.T. e Coetzee, M.(1987). (*Um suplemento ao Anopheles Africa, South of*

Sahara). Joanesburgo: Instituto Sul-Africano de Investigação Médica.143pp Danielsson, Limited. Londres, Reino Unido. 530pp

Gimnig, J.E. *et al* .,,(2005). Resistência à lavagem em laboratório de redes mosquiteiras de longa duração. Tropical Medicine and International Health10 (10), 1022-1029.

Gu W, Novak, R.J.(2009) Predicting the impact of insecticide -treated bed nets on malaria transmission: the devil is the detail. Malária , J 8:256.

Gunasekaran K, Vaidyanathan K: Resistência à lavagem das PermaNets em comparação com as redes tratadas à mão. Ata Trop 2008,108:154-157

Hardstone ,M.C, Leichter, C.A, Scott ,J.G: Interação multiplicativa entre os dois principais mecanismos de resistência ao permethri, kdr e a desintoxicação do citocromo P450-mono-oxigenase em mosquitos.J EvolBiol 2009, 22:416-423.

Hargreaves, K, *et al* ,(2000). *Anopheles funestus* resistente a insecticidas piretróides na África do Sul. *Med Vet Entomol14:* 181-9.

Hemingway J, Ranson H.(2000).Resistência a insecticidas em insectos vectores da humandisease. Annu Rev Entomol, 45:371-391.

Jim E. Riviere & Mark G. Papich Eds: Veterinary Pharmacology and Therapeutics. Iowa State University Press, 2009.,p. 1194.

Karma,L.(2012) suscetibilidade dos piretróides de *Anopheles gambiae* a REMILDs em Jos. Um projeto de mestrado de 2012. Universidade de Jos, Jos Nigéria.

Koudou, B, Koffi, A.A, Malone, D, Hemingway, J.(2011) Eficácia dePermaNet 2.0 e PermaNet 3.0 contra *Anopheles gambiae* resistente a insecticidas em cabanas experimentais na Costa do Marfim. *Malar J* 2011; 172.

Lengeler C: Redes de cama e cortinas tratadas com inseticida para prevenir a malária. Cochrane Database of Systematic Reviews 2004, *Relatório da XII reunião do grupo de trabalho WHOPES.* WHO/HTM NTD/WHOPES/2009.1.

Magesa, S.M., *et al* .,(1991). Ensaio de mosquiteiros impregnados de piretróides numa zona da Tanzânia holoendémica para a malária. Parte 2. Efeitos na população de vectores da malária. Ata Tropica 49 (2), 97-108.

Mathias, D.K, *et al.,(* 2011): Variação espacial e temporal no kdrallele L1014S em Anopheles gambiaes.s. e variabilidade fenotípica na suscetibilidade a insecticidas no Quénia Ocidental. Malaria J, 10:10.

Marcel,T e Don de K Savingny.(2008) - A erradicação do paludismo de novo em cima da mesa. - Boletim da Organização Mundial de Saúde 86(2): 82-83.

Maxwell, C.A., Myamba, J., Magoma, J., Rwegoshora, R.T., Magesa, S.M., Curtis, C.F.,2006. Testes de redes Olyset por bioensaio e em cabanas experimentais. The Journal of Vetor Borne Diseases 43 (1), 1-6.

Moores ,G e Bingham, G.(2005): Utilização do sinergismo temporal para superar a resistência aos insecticidas. Outlooks on Pest Management, 16(1):7-9.

Muller ,P, ,*et al.,*(2008): Anopheles gambiae resistentes à permetrina capturados no campo expressam em excesso CYP6P3, um P450 que metaboliza piretróides. PLoS Genet 2008, 4:e1000286.

Nkup,D.C..(2012) suscetibilidade dos piretróides de *Anopheles gambiae* a REMILDs em Jos. Um projeto de mestrado Departamento de Zoologia, Universidade de Jos

Okia,(2013*)* /Bioeficácia de redes mosquiteiras tratadas com inseticida de longa duração contra populações resistentes a piretróides de *Anopheles gambiae s.s.* de diferentes zonas de transmissão da malária no Uganda

Onwujekwe, P, Etang, J. Atan, F (2013) - Análise de pacientes externos - fator malária

Oyewole, O.I.,*et al.(2011).* Epidemiologia do fardo da malária e da resistência aos insecticidas na Nigéria. *Jornal de Saúde Pública e Epidemiologia,* 3(1), pp 6-12

Quinones, M.L., Lines, J., Thomson, M.C., Jawara, M., Greenwood, B.M., (1998).Os mosquiteiros tratados com permetrina não têm um efeito de extermínio em massa nas populações de Anopheles gambiae s.l. na Gâmbia. Transactions of the Royal Society of Tropical Medicine and Hygiene 92 (4), 373-378.

Ranson, H, N'Guessan R, Lines J, Moiroux N, Nkuni Z, Corbel V .(2011) Resistência aos piretróides em mosquitos anófeles africanos: Quais são as implicações para o controlo da malária? *Trends Parasitol 27:* 91-8.

Rafinejad, J, *et al* (2008) Efeito da lavagem na bioeficácia dos mosquiteiros tratados com inseticida (MTI) e dos mosquiteiros tratados com inseticida de longa duração (MILD) contra o principal vetor da malária, Anopheles stephensi, através de três métodos de bioensaio. J Vetor Borne Dis, 45:143-150.

Ramphul ,*et al*(2009), Insecticide resistance and its association with target-site mutation in natural population of *Anopheles gambiae* from Uganda. *Transacções da Sociedade Real da América,13:167pp*

Robert, L., Metcalf,(2002) "Insect Control" in Ullmann's Encyclopedia of Industrial Chemistry" Wiley-VCH, Weinheim . doi:10.1002/14356007.a14_263

N'Guessan, R., , *et al* (2007). Eficácia reduzida dos mosquiteiros tratados com inseticida e da pulverização residual para o controlo da malária numa zona de resistência aos piretróides, Benim *Emerg Infect Dis* 2007; *13:* 199-20

N'Guessan, R., Darriet, F., Doannio, J.M., Chandre, F., Carnevale, P. (2001). Eficácia da rede Olyset® contra *Anopheles gambiae* e *Culex quinquefasciatus* resistentes a piretróides após 3 anos de utilização no terreno em Cote d'voire. Entomologia Médica e Veterinária 15, 97-104.

N'Guessan ,R, Asidi, A, Boko, P, Odjo, A, Akogbeto, M, Pigeon, O, *et al.* (2010) Uma avaliação experimental do PermaNet® 3.0, (2010)

Uma avaliação experimental em cabana do PermaNet® 3.0, deltametrina-p *Anophele gambiae* e *Culex quinquefasciatusmosquitoses* no sul do Benim. *Trans R Soc Trop Med Hyg 2010;104:* 758-65

Ranson, H., N'Guessan, R, Lines ,J, lMoiroux ,N, Nkuni, Z, Corbel, V: Resistência aos piretróides nos mosquitos anófeles africanos: quais são as implicações para o controlo da malária? Trends Parasitol 2011, 27:91-98.

Scott, J.A., Brodgon, W.G., Collins , F. H. (1993). Identificação de espécimes únicos do complexo *Anopheles gambiae* por Reação em Cadeia da Polimerase. *American Journal of Tropical Medicine and Hygiene,* 49(4)520-9

Sharma, S.K., Snow, R..W., Mehta , S. R.,(2009). Avaliação no terreno de redes Olyset: uma rede inseticida de longa duração contra os vectores da malária Anopheles culicifacies Anopheles fluviatilis numa zona tribal hiperendémica de Orissa, Índia. Journal of Medical Entomology 46 (2),342-350.

Sreehari, U., Razdan, R.K., Mittal, P.K., Ansari, M.A., Rizvi, M.M., 2007.Impact of Olyset nets on malaria transmission in India. *The Journal of Vetor Borne Diseases* 44 (2), 137-144.

Snow, R.W., Lindsay, S.W., Hayes, R.J., Greenwood, B.M., 1988. Os mosquiteiros tratados com permetrina (mosquiteiros) previnem a malária nas crianças da Gâmbia. Transactions of the Royal Society of *Tropical Medicine and Hygiene* 82 (6), 838-842.

Soderlund, D.M.,*et al.*,(2002) "Mechanisms of pyrethroid neurotoxicity: implications for cumulative risk assessment", Toxicology 171, 3-59.

Tami, A., Mubyazi, G., Talbert, A., Mshinda, H., Duchon, S., Lengeler, C., 2004. Avaliação de redes mosquiteiras tratadas com inseticida OlysetTM distribuídas sete anos antes na Tanzânia. *Malaria Journal* 3, 19.

Trape, G.F, *et al.,(* 2011): Malaria morbidity and pyrethroid resistance after the introduction of insecticide-treated bed nets and artemesinin-based therapies: a longitudinal study. *Lancet Infect Diseases,* 11(2):925-932.

Tungu, P, Magesa S, Maxwell, C, Malima R, Masue D, Sudi W, *et al.* Avaliação do PermaNet 3.0 uma rede de deltametrina-PBOs contra mosquitos *quinquefasciatus*: Um ensaio experimental numa cabana na Tanzânia. *Jornal da Malária* 2012; *9:* 21

Van den Berg H.,(2012): Tendências globais na utilização de insecticidas para o controlo de doenças transmitidas por vectores. Environmental Healt Perspectives, http://dx.doi. org/10.1289/ehp.11o4340.

Weston, Donald, P., Michael J. Lydy (2010). "Fontes urbanas e agrícolas de insecticidas piretróides para o Delta do Sacramento-San Joaquin da Califórnia". *Ciência e Tecnologia Ambiental* **44** (5): 1833-40.

Shigeto,Y., Yohei, S, Daisuke,K., Yoshiaki K, (2007) " Hemolytic C-type lectin CEL-III from sea cucumber expressed in transgenic mosquitoes impaairs malaria parasite development" *Plos Pathogens* 3 (12): e19

Wang, Y, Gilbreath T. M , Kukuta , P, Yan, G, Xu, J. (2011) "Dynasmic gut microbiome across life history of malaria mosquito *Anopheles gambiae* in Kenya" *in leulier, Francois* .6(9): e24767.

Wikipedia .org/wiki/pyrethroid. Acedido em 2 de abril (2014).

OMS, 1998. Procedimentos de ensaio para a monitorização da resistência aos insecticidas nos vectores da malária, bioeficácia e persistência dos insecticidas nas superfícies tratadas. No relatório da consulta informal da OMS. WHO/CDS/CPC/MAL/98.12.

Organização Mundial de Saúde: (2005) Malaria control today: Recomendações actuais da OMS. Genebra, Suíça: Documento de trabalho do Departamento Roll Back Malaria;:75

Organização Mundial de Saúde: (2006).Guideline for laboratory and field testing of long lasting insecticidal mosquito nets.WHO/CDS/WHOPES/GCDPP/: Organização Mundial de Saúde11. Genebra, Suíça: Documento de trabalho do Departamento de Fazer Recuar o Paludismo

Organização Mundial de Saúde: (2007).Guideline for laboratory and field testing of long lasting insecticidal mosquito nets. OMS/CDS/WHOPES/GCDPP/:Organização Mundial de Saúde. Genebra, Suíça: Documento de trabalho do Departamento de Fazer Recuar o Paludismo

Organização Mundial de Saúde: (2008.) Relatório Mundial sobre a Malária. Acedido em 23 de março de 2012; 2010. Genebra, Suíça: Documento de trabalho Departamento de Fazer Recuar o Paludismo

Organização Mundial de Saúde: (2010) Relatório Mundial sobre a Malária. Acedido em 23 de março de 2012; 2010. http://whqlibdoc.who.int/publications/2010

Organização Mundial de Saúde (2011): A base técnica para uma ação coordenada contra a resistência aos insecticidas: preservar a eficácia do controlo moderno dos vectores da malária. Genebra, Suíça: Organização Mundial de Saúde

Yewhalaw D,(2010) : Primeira prova de uma elevada frequência de resistência ao knockdown em Anopheles arabiensis (Diptera: Culicidae) da Etiópia. Ama Jouirnal Trop MedHyg 83(1):122-125.

Yewhalaw D., Wassie, F., Steurbaut, P., Van , B. *(*2011*)* .Resistência múltipla aos insecticidas: um impedimento ao programa de controlo dos vectores da malária baseado em insecticidas. PLoS ONE 2011, 6:1. doi:10.1371/journal.

Zaveri, Mihir (4 de fevereiro de 2010). Estudo liga pesticidas à contaminação do rio *The Daily Californian* (The Dai Californian) Recuperado em 9 de junho de 2012. http://IVM project.net (RIT, 2010)

Printed by Books on Demand GmbH, Norderstedt / Germany